ACTIVE
EVOLUTION

主动进化2

颠覆未来的科技进化之路

黄震宇 韩飞 著

上海交通大学出版社
SHANGHAI JIAO TONG UNIVERSITY PRESS

内容提要

当今人类社会正处于百年未有之大变局,主动追踪一系列关键新兴技术的颠覆性突破,并深刻探析其对人类社会变革带来的重大潜在影响十分必要。本书延续"主动进化"的研究视角,高度聚焦脑机接口、人工智能大模型、人形机器人、合成生物学、微观医疗、类器官和长寿医学等尖端科技进展,前瞻性地研判它们在人类"主动进化"路径上的应用前景。本书展现了一条正在发生的进化之路,希望为关注前沿科技进展以及对人类社会演化抱有好奇心的读者提供基于总体认知框架的智识与哲学思辨。

图书在版编目(CIP)数据

主动进化. 2,颠覆未来的科技进化之路 / 黄震宇,
韩飞著. -- 上海:上海交通大学出版社,2025.8.
ISBN 978-7-313-32942-4

Ⅰ. Q11

中国国家版本馆 CIP 数据核字第 2025TX2883 号

主动进化 2

ZHUDONG JINHUA ER

颠覆未来的科技进化之路

DIANFU WEILAI DE KEJI JINHUA ZHI LU

著　　者:黄震宇　韩　飞
出版发行:上海交通大学出版社　　　　　　地　　址:上海市番禺路 951 号
邮政编码:200030　　　　　　　　　　　　电　　话:021 - 64071208
印　　制:上海颛辉印刷厂有限公司　　　　经　　销:全国新华书店
开　　本:880 mm×1230 mm　1/32　　　　印　　张:8.25
字　　数:153 千字
版　　次:2025 年 8 月第 1 版　　　　　　印　　次:2025 年 8 月第 1 次印刷
书　　号:ISBN 978 - 7 - 313 - 32942 - 4
定　　价:68.00 元

序 一

黄震宇

　　首先非常感谢大家对"主动进化三部曲"的第一部《主动进化：未曾设想的进化之路》的阅读和关注。

　　现代人类比以往任何时候都更对未来感到焦虑。《主动进化：未曾设想的进化之路》出版时，正逢全球人工智能大爆发的时代，因为这本书尝试为人类描绘走向未来的第二扇窗，所以受到大家较多的注意。值得一提的是，《主动进化：未曾设想的进化之路》虽然在2014年便已有初步构想，但出于各种原因，历时9年才与读者见面。

　　在我写下这篇序的今天，全世界的主要新闻都是DeepSeek超越外国各个人工智能大模型的报道。DeepSeek没有完全依赖芯片的强大性能，设计人员利用更优算法架构，提升了系统深度思考和响应的能力。我觉得这是人的因素（碳基）比机器（硅基）更重要的表现。

　　在未来很长一段时期内，人类多年来在创造性方面的能力积累还会是人工智能的运作基础，但是由于人工智能强大的自我进化能力,人类的创造力也许会被逐渐超越。围棋世界冠军下不赢与机器人对弈的棋局,早几年就已经出现。当算力主宰一切的时候,快慢就是胜负手。

继《主动进化:未曾设想的进化之路》于 2023 年面世至今,又出现了很多新的情况,人类面对的生存方面的挑战更多了。

第一,人类赖以生存的能力正在一点点地被"解码"。人类最重要的感知系统——视觉、听觉正在被快速地破解,可以预见在不远的未来,可能会有大量的机器代替人类工作,甚至有些智能武器,如无人机、机器狗也可能被大规模运用到战争当中。综合各方面来看,人的能力正逐步地在机器上复现。

第二,人类的内耗还在持续。人类为争夺资源而发动的战争可能还会加剧。人类发展路径不改变的话,混乱和失序还会不断地交替上演,实现人类命运共同体的难度也会变大。

好消息是随着人工智能的发展,重塑人类进化路径,进而改变发展方向、降低内耗将成为可能。现在,有机物的模拟系统不断升级,人类掌握有机物结构的效率极大地提升,为设计围绕大脑运作的全新供养系统提供了强大的支撑。而且,随着计算机视觉及语言系统不断被破解,以及脑机接口技术不断发展,我们向着全面破解人类的感知系统又迈进了一步。

人类正处于一个历史的分岔路口,一边是缓慢被动进化的身躯和难以改变的人性，较难适应不断发展的人工智能技术；另一边是人类脱离自然进化的束缚，达到生命的全新形态，可以自主地升级"硬件"和"软件"，实现这一历史转折所需的技术条件正在成熟。

如果说《主动进化：未曾设想的进化之路》提出了人类主动进化的思考窗口，那么这本书就是在试图描述主动进化可能必经的技术路径和面临的挑战。人工智能、神经科学、合成生物学、创新药研发、大数据都可能是必经之路的一部分，本书试图做了几个参考性路标。

自 2025 年始，世界将迎来人工智能奇点，这意味着通用人工智能（AGI）将迈向超级人工智能（ASI），人工智能自我学习的裂变式思考，犹如核爆的强大连锁反应，将会超速迭代与更新。

在中华文明中，参透天人合一、复归于宇宙初点的道家曾经描述过，世间万物发展之路都要定二极，才能得天助，即起点和目标越明确，路程越顺利。我们认为，一极是自本自根（起点），就是人类与生俱来的身、心、灵和几千年思想文化的积淀；另一极是图南之志（目标），即人类要努力去追求的理想世界、成功愿景。唯有定了二极，才会出现一条最短、最直、不走弯路的道路，才会知道前方哪些是资源，哪些是歧途。一条只有起点、不知终点的路途是最危险的，这也是我们一直提倡人类主动进化，主动向恒续、恒存努力的全部意义。

生物学家、进化论的奠基人达尔文曾说过：能够生存下来的物种并不是那些最强壮的，也不是那些最聪明的，而是那些对变化做出快

3

速反应的。如果大家在阅读完这本描绘人类主动进化的书后,能有所思所想,那我们就非常开心了。

无尽的星辰大海、未知世界还有待我们去探索。人类能否达成共识,进化成宇宙中的高级物种,还看当下。

愿一切都好,各得其所。

序 二

韩 飞

人类是会思考的物种,是懂得预测的灵长类,是天生地、自动地、不受主观意志控制就会畅想未来的地球生灵。

这些就是我们依托本书相遇的机缘。

我们在不同的地方,甚至在不同的时空,共同思考人类社会演化的未来。我们读书,我们工作,我们饮酒,我们泡茶,我们同心爱的人相聚。在春天,我们踏青、赏花,感受风吹和鸟鸣,总有忽然很想放空的时候,便坐下、躺下、倚着沙发,望着高远的云天和比云天还要高远的宇宙,我们在想什么?准确地说,我们的大脑在"想"什么?神经生理学告诉我们:每当我们放空时,便是思考、预测以及畅想未来之时。我们大脑的默认模式网络(DMN)会在此时得到显著激活然后工作,于是对未来的畅想会在不受自由意志控制的情况下徐徐展开,如雾消散,如烟弥漫,如云落、梦醒、鱼惊、鸟散。监控我们自身行为的脑区、储存过往云烟的脑区、跨期决策与安排计划的脑区,此刻竟联动起

1

来,开始快速地模拟未来、漫游未来,创造又想象,构建又评价。这就是我们人类。

妙就妙在,我们可以将一万个头脑所模拟的未来放在一起比较、交流,品味其中的机遇与风险。

就当前而言,在较小的国家规模层面上,大国战略科技竞争正在发生,国家经济、安全与繁荣前所未有地与颠覆性科技创新息息相关。从国外到国内,从中央到地方,从创业园区的服务大厅到街巷咖啡厅,越来越多的人在谈论着未来科技与未来产业。诸如脑机接口、人形机器人、合成生物学、人工智能大模型,以及针对上述技术如何部署、如何推动、如何普及,如何让关键和新兴技术的发展为经济繁荣、民众福祉、国家安全、大国战略竞争服务,成了最热门的议题。

就未来而言,在较大的人类社会演化层面上,科技创新赋予了人类开启"主动进化"进程的机会、手段和利器。数百万年以来,人类渴望得太多,何时能既康且健,不用担心时间的消逝?"陛下之寿三千霜",但"四百霜"能否先达到?不言三千,只谈四百,这里有着充分的理由:地球上重达千斤的脊椎动物格陵兰鲨鱼便可以轻松活过"四百霜",平均自然寿命可达 392 岁!这表示自然进化的算法存在"豁免",好似给大多数物种加征了高额的年龄关税,但对个别物种予以优待。子能活,我胡不能?人类目前理论上有活到 150 岁的可能,在整个自然算法的框架下也有活过 400 岁的希望。人类不会放弃求长生。

你我之寿四百霜,届时世界何模样?

综上,本书的全部气力打在三个地方:一是细细阐述"主动进化"的思想,这是你我从畅想未来到走进未来的路径。目前,人类依托基因编辑技术、人工智能技术、脑机接口技术,正走在主动改造自身、连接碳基脑与硅基脑的路上。但与自然进化路径不同的是,"主动进化"的路径是人类自由意志的选择。二是扫描最关键和新兴技术的进展,这是人类构建未来并评价未来的基石。三是讨论"主动进化"与科技发展对人类社会的潜在改变。以上便是全书三大篇章的内容。"主动进化"的通盘视角、科技情报的真材实料、必不可少的科学评价,使本书成为我们用心"烹饪"完成的一份非预制"佳肴"。

现在端上桌来,为君而设。不求肉香城,但求助智能。如果在您构建的未来认知框架中,有我们的一点贡献,我们无比荣幸。

目　录

第一篇

主动进化的实现清单

　　人类已经逐渐掌握主动进化的工具,并在主动塑造世界。本篇旨在对人类正在大力发展的关键和新兴科技领域进行讲解。所以,您将看到人类在脑机接口技术、类器官培育、合成生物学、人机结合、微观医疗以及长寿生物学等方面的重大进展。通过阅读本篇,您将获得一个前所未有的宏观视野。

　　主动进化必将沿着一系列必要的路径,有条不紊地进行。当我们把视野拉长到贯穿今古的程度时,就会发现人类以及人类社会的发展目标越来越清晰:摆脱自然进化给人类身体和心灵带来的束缚、约束和局限!

第1章　人类仍在伟大的进化当中

人类是进化最快的物种之一。

——美国史密森学会（Smithsonian Institution）

人类沿着自然进化设置的"路径"走了数十亿年。自然进化赋予人类可以思考的、具有自由意志的大脑，人类由此产生了各种各样的文化，后者又被整合进人类身体与社会的进化当中。譬如，小麦、乳酪和酒精都在很大程度上影响了人类的进化。当文化之于进化的权重愈来愈大，基因编辑工具和人工智能算法愈加精进时，人类开始思考：进化的"路径"也可以自由选择、主动选择！

根本路径：基因-文化协同演化

一个极其重要的概念——"基因-文化协同演化"（gene-culture coevolution），将会在我们的书中被反复提起。它来自伟大的生物学家爱德华·威尔逊(Edward Wilson),意思是人类既是基因演化的物种,也是文化演化的物种;基因演化与文化演化相互作用、相互影响甚至相互加速。

这个概念非常适合用来解释基因、文化特征是怎么从上一代传递到下一代的,可以用来深入研究人类学习和文化发展的适应性优势、文化变迁的力量以及人类的行为和性格特征为什么会有如此大的变化。有意思的是,威尔逊当初还在基因与文化之间,加上了"心灵",就是"基因-心灵-文化协同演化",具体可以参见他的著作《基因、心灵与文化协同演化的过程》(*Genes*, *Mind*, *and Culture*: *The Coevolutionary Process*)。相关的概念、思想已经写进演化生物学的论文,成为我们的"思想的工具"。

好的概念、观念,就是认知世界的新框架。

再比如"人类世"(Anthropocene)的概念,它是指地球最近的时期,这一时期人类活动对地球产生了非常重要的影响,即人类已经近乎完全主宰地球上的生态系统,给自己造就了一个前所未有的进化环境。人口呈指数级增长、自然环境急剧变化以及颠覆性技术层出不穷,这既可能给人类社会带来危险,也可能带来更大的自主权。关于"人类世"与加速进化的研究和哲学思辨告诉我们:人类进化与人为环境变化之间存在两大关键因素,就是文化的作用、人类群体的合作结构及其强度。简单来说,人类通过文化的重组与进化,获得合作水平更高的社群结构,从而可以增加对重要环境资源的获取程度。

比如,人类通过农业革命、工业革命和信息革命不断增加对地球资源的利用程度。理论上,当人类继续进化,合作强度继续增强时,人类社会有望演化成为更加全面、合作更加彻底的超有机体社会,届时可以利用地球之外的资源,比如月球上的矿石资源、水资源等。是的,月球上已经确定有水。在我国嫦娥五号探测器带回的月壤样品中,科学家发现了一种富含水分子和铵的未知矿物晶体,确认了这一点。只是月壤颗粒中的水含量太少,而且需要通过高新技术才能提取。此外,人类一旦登陆月球,建设月球基地,就很可能利用月球上的矿产资源生产水,理论上 1 吨钛铁矿可以生产 50 千克甚至更多的水!

还有一条认知人类以及人类社会不断演化的极其重要的规律:极端环境往往会使进化加速。极端的自然环境无疑会使进化加速,极端的文化环境也会使进化加速。回顾数十亿年的自然演化史,人类在不断改造自然环境的同时,不断重新塑造着文化环境,同时自身的演化也受到这两种环境变化的反作用。这一进程尚未停止,也没有理由停止。总之,如果有人问您:人类是否还在进化? 您可以毫不犹豫地回答他:当然了! 人类仍在进化当中。

例如睡眠时间。

睡得更少增加了进化优势

人类睡得太“少”了!

大部分成年人每天需要睡 7~8 个小时。您大概觉得这一点很正常。但把智人每日所需睡眠时间放到灵长类动物当中,就会发现智人的睡眠习惯好奇怪呀!怎么那么短?戴维·萨姆森(David Samson)等人统计了 30 种灵长类动物的睡眠时间,发现人类的睡眠时间与近亲相比是最少的!比如,黑猩猩每天平均睡眠时间超过 9.5 小时,很多时候比成年人多睡 3 小时;还有体型娇小可爱的鼠狐猴,有一双闪闪发光的眼睛,它们更加擅长睡觉,一天可以昏昏沉沉地睡 17 小时!人类呢?您能保证每天 8 小时的睡眠吗?很多人可能只睡 5~6 小时,甚至更短。那么,我们"理论上"本来需要睡多久呢?

戴维·萨姆森等人开发了一个"睡眠预测分析"(sleep prediction analyses)模型,根据物种的脑容量、捕食情况和新陈代谢速率等因素,可以预测每个物种"理论上"需要多少睡眠时间。结果呢?人类果然是例外。模型预测,人类本应每天睡 10.5~11 小时,比实际情况整整多了 3~4 小时。聪明的您或许会问一个好问题:现代人类每天"只"睡 7~8 小时,那么原始人类会不会每天睡得更久,只是到了工业社会,为了早起上班,人类才不得不缩短自然睡眠时间呢?不是。一个课题组专门分析了 3 个前农业与工业社会的人类亚文化社群的睡眠情况,涉及分别居住在玻利维亚地区的齐玛内人(Tsimané)、博茨瓦纳等地区的桑人(San)以及坦桑尼亚地区的哈扎人(Hadza)。这三个人类亚文化社群迄今仍过着狩猎-采集-渔猎的生活,可视为古人类的代表。研究发现,他们每天的睡眠时间就是 5.7~7.1 小时。假如从开始睡觉算起,也只不过是 6.9~8.5 小时。中国有句老话,叫作"天睡我睡,天醒我醒",意思是健康的睡眠要遵循 24 小时节律,并尽量与昼夜交替的模式相匹配,熬夜时间过长是不利的。这一点在齐玛内人、桑人以及哈扎人身上均可验证:他们都是在日落后的 3 小时内入睡,并在日出之前或稍稍延迟一点醒来。

不管是前农业与工业社会的原始部族人类,还是工业社会的现代大都市人类,其睡眠还有一大规律:多达 25% 的睡眠时间属于快速眼动睡眠(REM),这对人类的大脑创造力和情感回路演化相当关键。25% 这一比例在所有灵长类动物当中相对较高。当然,与所有的哺乳动物相比,人类的快速眼动睡眠时长相差太大,这是因为这种睡眠被认为是一种"大脑加热机制",可以维持睡眠后脑干等的功能。但即使如此,如何解释人类的快速眼动睡眠比例超过其他灵长类近亲?

当灵长类动物进行快速眼动睡眠时,身体肌肉会麻痹,会做梦,在突然被袭击时不容易醒来。"天为帐幕地为毡"的灵长类近亲不敢进行太多的快速眼动睡眠。体型小一点的要当心捕食者;体型大一点的又要当心同类!黑猩猩为了争夺族群等级和繁殖资源,互相残杀起来一点也不手软。人类呢?如果身处荒郊野外,大概也不容易睡得踏实。凡是看过《荒野求生》一类节目的人,大概对这样一种画面印象深刻：节目嘉宾躲在帐篷里，竖着耳朵听野外的"鬼哭狼嚎"以及窸窸窣窣的大自然背景声，生怕有什么东西突然闯进来。

2024 年 9 月 23 日，湖北省襄阳市海拔 1 400 米的山区某户人家门口的 100 多箱蜂蜜被亚洲黑熊偷吃了，经济损失惨重。这条新闻细究起来让人后怕，因为完全无法预料黑熊下一次来是否只吃蜂蜜，它还可能破坏农田、毁坏农作物、捕食圈里的黄牛和山羊，甚至以站立姿态袭击人类。

所以，只有当人类建立起足够的适应性优势时，才敢在夜间酣睡。也只有在这时候，人类才逐渐进化为快速眼动睡眠比例更大的物种。

注意！这些适应性优势包括文化上的，比如生火、建造房屋与围墙、设置陷阱等；再比如，群居性生活方式、集体主义、抱团睡眠、深夜时至少由一个人负责警卫的族群文化性安排。反过来，时间更短但更深的睡眠又带给人类巨大的进化优势。究其原因，一方面良好的夜间休息与智力发育及更好的记忆力、解决问题的能力、创造力和创新能力有关；另一方面，睡眠效率提高了，人类可以拿出原本睡觉的时间来做其他事，如围炉夜话、倾听故事、学习新的技能、举杯畅饮、发展复杂的社交网络和友谊。这些花在传递文化信息、交流社会经验和加强社交联系上的额外时间，最终给智人带来了莫大的进化优势。

人工智能进化伴侣

比灵长类近亲更"牛",还远远不够。因为留给人类走向宇宙的时间"不多"了。

2024 年 9 月,顶尖权威科学期刊《科学》(Science)发表的一篇论文表明,在过去的 5 亿年中,地球的平均温度要比之前估计的更高。还有,过去 2 000 年来,地球的平均温度一直在缓慢上升。这不是一个好消息!因为地球的恢复力一直都在,并且远远超过人类的适应能力。

如果地球加速升温,人类进化得慢了怎么办?而且,在地球发"烫"之前,海平面大幅上升了又怎么办?如果您留意一下,包括我国科学家在内的各国科学家都在研究、评估、预测海平面上升将淹没哪里、淹没多少。海水热膨胀、陆地冰川消融、沿海地区海平面正以毫米/年计的平均上升速率,这些都不是开玩笑的!2019 年,宁波大学的地理与信息研究团队就发表论文预测了未来 10 年、100 年、1 000年,在海平面可能持续上升的情况下,中国大陆沿海地区可能被淹没的面积、集中的省份,以及海平面上升可能淹没的土地利用类型——是更多的耕地被淹,还是建设用地、水域、草地抑或林地被淹?

显然,人类最大的挑战是气候变化,是等待开发和改造的月球环境以及充满未知的宇宙空间。人类还需要持续进化。幸运的是,人类可以创造工具和助手,比如人工智能(AI),它们不但是人类的工具,还朝着成为人类的"伙伴"的方向不断发展。

仍然以适应极端气候变化为例。

到目前为止,人类的低轨巨型星座早就可以定时、定点扫描全球,以图像的形式获取地球的风云变化。而且,其精度可以满足识别地面上的模糊图案的需求。在人工智能的帮助下,地球再也"藏不住"秘密了。

2024 年 9 月,日本学者开发的人工智能模型崭露头角。在秘鲁,有一处被联合国教科文组织列为世界文化遗产的遗址纳斯卡地画。在海拔约 500 米的沙漠高原上,竟然存在大面积的古代地画,它们由 2 000 多年前的人类使用地表石头等材料画成。但是,大部分纳斯卡地画已经模糊,看不清了,给考古学家们解读这些地画以探析古人的文化和信仰带来困难。过去 100 年间,考古学家仔细辨认出了 430 幅地画,包括长约 10 米的人、各种各样的鸟、猴子、狐狸、蜘蛛、蜥蜴、虎鲸、各种各样的鱼、骆驼、各种各样的花、海藻、根茎和树干,还有古人使用的各种各样的工具,诸如针、织布机、别针、扇子和乐器。怎么提高识别这些地画的成功率呢?日本山形大学的团队先是用高分辨率无人机在空中给地画拍照,获得极大量数据,再把这些图像全部交给人工智能去识别。在很短的时间内,人工智能就识别出了 303 幅新的地画,并在计算机上用线条重构了一遍,让研究人员可以更好地了解古代南美洲人的生活和思想。

从地上到天上,在人工智能技术的辅助之下,地球在人类面前越来越"藏不住"秘密。人类利用掌握的更为详尽的信息,可以改善自身的生存与进化环境。

2023 年,美国国家航空航天局(NASA)与 IBM 公司合作开发了旨在构建全球地理空间模型的人工智能模型,可以更加精细地标注地球上的物体,甚至可以分辨和标注火山痕迹、洪水流经的地区、农作物类型以及鱼塘的准确边界。想想看,这些信息一旦真正在军事上精细化地应用意味着什么。NASA 首席科学数据官办公室(OCSDO)的数据科学负责人马尼尔·马斯基(Manil Maskey)毫不掩饰地说:"这就是一把多用的瑞士军刀,就看你想用它来做什么样的事情。"

我国在这方面也取得了巨大进展。

中国气象科学研究院灾害天气国家重点实验室的研究团队通过"盘古"气象大模型,正在探索预测极端降水和台风强度的办法。比如,研究人员已经可以较为准确地预测"400 毫米降水量"的天气将持续多少天。我们还有"伏羲"气候气象大模型,它是上海科学智能研究院、复旦大学和中国国家气候中心联合研发的次季节大模型。原来,天气预报不但可以预报明天、后天或者未来 15 天,还能预报未来1 个月、2 个月(次季节水平)甚至半年以后的天气(季节水平)!2023

年 11 月,"伏羲"的气候气象预测结果发表在顶尖权威科学期刊《自然》(Nature)上,显示其预测气温、风速和气压等天气参数的能力完全优于欧洲中期天气预报中心(ECMWF)的标准,而且还更加快。

又快又便宜,太棒了!正在进化的人工智能大模型可不仅仅是在混杂的数据中寻找,它们真的是在识别和学习天气随时间演变的本质。此外,这些人工智能大模型在工作时所消耗的电力也在大幅下降,这很重要。以"伏羲"为例,"伏羲"次季节大模型实现了千倍加速,仅凭一张图形处理器(GPU)卡就可以跑起来,为其提供动力所需的能源消耗因而更少。

之前,《纽约时报》援引专业期刊《焦耳》(Joule)的研究并表示担心:2027 年,全球人工智能系统的能量消耗量将相当于瑞典全国的能量消耗总量。只有又快、又便宜、又不消耗太多电力,人类才可以更好地在走出地球的伟大进程中把基于强人工智能的"伙伴"带上,一起进化。想想看,人类一旦在月球建基地、在火星开始新生活,将非常依赖强人工智能在不太消耗电力的情况之下,帮助人类识别月球与火星的地理与天气的"秘密"。

要知道,人类已经开始在月球和火星上"占坑"了。

2024 年 7 月,人类再次发现月球上有许多的"大坑"可供人类迁入月表之下,而且这些"大坑"连接着大面积的地下洞穴。NASA 的月球勘测轨道飞行器(LRO)的数据显示,目前已发现的月球上最深的一个坑居然通向地下一个 150 米深、45 米宽、80 米长的洞穴,总面积相当于 14 个网球双打场地,完全可以建一个基地了。所以,人类在月球上的正式基地很可能就要建在深坑溶洞里。这有许多好处,比如坑洞里温差小,月球表面昼夜温差达到 300℃,坑洞里却可以大幅缩小到 20~30℃。这样的温差范围可以为目前的人类所接受,对于未来身体条件有所进化的"新人类"更不在话下。比如远离陨石,这就不用说了,人类已经躲在玄武岩下的深洞里,而且洞穴的坚硬程度已经充分经受了"历史的考验"。再比如远离可怕的宇宙辐射,功臣还是厚厚的玄武岩和月壤。还可能提取水,这就更加重要了。未来,人类一定会有更多新技术从月壤或其他地方获取水。

美国在抢着"占坑",我国也在加紧勘测。目前为止,已发现的月球坑洞一共有 200~300 个,综合条件较优的也就几十个。这就意味着有几十个可以用来兴建基地的坑洞。届时,月球上将大兴基建,强人工智能将在许多方面给予人类帮助,其人工智能文化的本质在于提供快速迭代的文化环境,进而大大加速人类的基因-文化协同演化进程。

解码万物

您很容易联想到,强人工智能给予人类的帮助将远不止识别大地上的岩画,标注地球和月球上的河流、山川、深坑、溶洞,预测火星上的气流与天气那么简单。强人工智能还可以帮助人类认知自己,解码自己,然后解码万物。

人类一直在解码自己。

比如,在基因层面解码自己。人类基因组中到底有多少个基因呢?最早说有 50 000～100 000 个,错得离谱;再后来,说有 20 000～25 000 个,还是不够准确;截至 2024 年,已发现人类基因组有 19 000～20 000 个可以编码功能蛋白质的基因。也就是说,这些基因是可以表达的,而且表达的产物是蛋白质,这些蛋白质可以在人体中发挥功能。当然,这不是我们基因组的全部,还有十几种非编码核糖核酸(RNA)的存在。有的学者认为,它们的背后是"非编码基因",就是只转录生成 RNA 片段,它们也有功能,但不会进一步翻译成功能蛋白质。这样的"非编码基因"有 15 000～20 000 个。

想要全部搞清楚它们真正的功能,长路漫漫,需要帮助。

有一些基因的功能,人类靠着传统的方法、现有的技术也可以搞清楚,并且可以进行遗传操作。比如,对中国人来说,卡鱼刺是一个大问题,因为我们吃的草鱼、鲤鱼、鲫鱼等淡水鱼都有肌间刺,万一卡在咽喉里会很麻烦。在耳鼻喉科,经常有患者被鱼刺卡了三四天,试过了各种错误的土办法都无效,才来医院求助。有的患者甚至过了 5 个月,实在挺不住了才到医院。

有没有办法让好吃的淡水鱼没有肌间刺?

　　我国鱼类育种遗传学家高泽霞课题组做的就是这样的事情。要知道,海鱼因为肌肉发达一般不需要肌间刺,淡水的鲈鱼小刺较少,其他淡水鲤科鱼基本都有肌间刺。她们使用 CRISPR/Cas9 基因编辑技术,敲除了武昌鱼长肌间刺的主效基因 *runx2b*,结果细小的肌间刺几乎全部消失。她们已经培育出了这种无刺的武昌鱼,还用计算机体层扫描(CT)给它们拍照! 在影像学上,无刺的武昌鱼相较于野生型"骨骼清奇",想必吃起来会很过瘾。她们课题组还在做更多的无刺鱼培育实验。她们的工作暂时没有用到人工智能。

　　"右军好佳果,墨帖求林檎。"众所周知,中国人还有嗜食苹果的饮食传统。人类食用野生苹果的历史十分久远,苹果的驯化起源地就在中国天山一带,欧洲人在新石器时代也学会用野生苹果酿酒。

　　那时候的野生苹果含有高水平的山梨醇,因此耐贮藏。后来,栽培苹果的山梨醇含量明显下降,这与其驯化过程中山梨醇代谢基因 *MdSOT2* 的变异有关。但不管是野生苹果,还是栽培苹果,绝大部分苹果的果肉都是白色或淡黄色的。现代人想吃红色果肉的苹果怎么办? 已经有了! 果树育种学家发现,只需要像拧阀门一样,上调转录因子基因 *MYB10*,就可以得到外皮是红色、果肉也是红色的苹果。过表达 *MYB10* 甚至可以得到果肉红得发紫的苹果。

　　显然,培育新的食物品种在大多数情况下都不需要人工智能的帮助。不管是让武昌鱼无刺,还是让苹果从里到外都是鲜红色的,采用经典的遗传学方法就可以做到,不需要人工智能等颠覆性新兴技术的帮助。但如果是在更大的尺度上处理基因组数据,从中寻找疾病、长寿、功能增强的秘密,那就需要人工智能的辅助了。强人工智能给予人类最大的帮助在于让人类做人类最擅长的,让人工智能做人工智能最擅长的,比如处理海量的测序数据。

扫灭人类的致病变异基因

在进行专业检测前,几乎没人可以打包票说自己没有携带任何潜在的致病变异基因。

2024 年 5 月,一个看起来健康的广东小伙被退婚了,原因是婚检结果显示他是地中海贫血基因携带者,未婚妻以"不想下一代遗传"为由退婚了。但实际上大可不必,因为在中国广东、广西、海南、四川、重庆等地区,携带地中海贫血基因的人实在是不少,全国大约有 3 000 万人。而且,其中许多人都是健康的,生育的后代也是健康的。在做孕前优生检测时,如果其中一方查出是隐性致病基因携带者,医生就会建议另一方也做检测,然后双方都做肽链检测和基因分析。这些都是免费的,公共卫生系统承担了费用。在上面的例子中,就概率而言,一般必须得两个人同时携带同一类型的地中海贫血基因(α 或 β),后代才会有 25% 的可能性患上中度或重度地中海贫血。在一个广东某市地中海贫血患病高风险区,16 个乡镇中即将结婚的女性做了检测,阳性率为 20‰,院方会打电话通知阳性女性的对象也去做免费的分型检测,再根据结果给出建议。

还有更多的隐性致病基因需要人类去研究、预防。

过去,识别可能导致罕见遗传病的基因是一个劳动密集型的、需要复杂决策的、需要进行一定数学计算的工作。通过生物信息学方法,早就可以使用多种计算机工具去处理数以万计的基因变异,然后排除不太可能致病的常见变异,但是,这还是会剩下几百个甚至更多潜在的变异基因,需要仔细筛查。这往往意味着进一步的分子诊断难以进行下去。

曾经有一位朋友去做遗传咨询,他对后代是否携带潜在的"智力缺陷基因"深表担忧,因此很关心是否存在一种分子诊断工具,可以对他孩子的基因组做深度的基因和变异分析。市面上那些几百元或几千元的基因检测试剂盒根本无法提供他需要的精确性。

所以,海内外都需要一种更加高效、系统、全面、准确的办法来诊断罕见和未确诊的潜在疾病。人工智能有希望做到。

2024 年 4 月,美国得克萨斯儿童医院的刘占东教授团队公开发表了一种由人工智能驱动的分子诊断工具 AI - MARRVEL(AIM)。其设计思路在一定程度上可视为一种"人机结合",用美国医学遗传学和基因组学委员会(ABMGG)认证的专家临床诊断和整理的高质量样本数据去"投喂"模型,然后重点训练其进行复杂医学诊断决策的能力,这种复杂决策训练是专业医学从业者必经的教育过程,它使医生们可以通过不同于普通人的专业思维来进行诊断。再比如,谷歌的人工智能公司 DeepMind 也在做类似的项目,即利用人工智能去识别可能导致疾病的潜在致病基因,它已经在与英国的 Genomics England 组织合作。人工智能将成为分子生物学和生命科学的重要组成部分,这句话恰如其分!

以脑解脑

基因的功能解码和致病基因的解码,都在全世界各地的研究机构的实验室中进行着,但最权威的生物学实验室在做什么?

冷泉港实验室(Cold Spring Harbor Laboratory)长期作为人类分子生物学研究重镇。这个私营生物学研究机构迄今已产生 8 名诺贝尔奖得主,而其全部职工仅有 1 000 余人,其中科研人员 600 余人。冷泉港实验室与英国剑桥的分子生物学实验室(MRC Laboratory of Molecular Biology)一样,都志在"塑造未来世界的关键领域的开创性研究"。对冷泉港实验室来说,人工智能科学与神经科学的交叉,就是这样的"塑造未来世界的关键领域"。

神经科学或脑科学正在迎来人类历史上从未有过的"解码时

刻",这一过程将持续数十年甚至数百年。神经科学越发展,越能反哺人工智能科学。

因此,冷泉港实验室近年来广泛地募集社会捐助,计划投资 5 亿美元用于兴建占地面积为 7 英亩(约 28 328 米²)的新园区,该园区实验室的一大"未来之基"项目即为人工智能与神经科学交叉的前沿研究(NeuroAI),旨在利用人类大脑的解码成果,去推动下一代人工智能和神经网络的发展,使其更加接近真正的"智能"。

冷泉港实验室很可能一如既往地取得成功。即使人工智能科学已经得到长足的发展,并且正在以前所未有的速度渗透到各个行业,但自然智能,尤其是人类大脑的智能仍然是综合得分最高的。人类大脑可以在很短的时间内收集环境信息,并且与现实世界进行互动,快速适应变化。最重要的是,大脑是在极低的能量消耗下做到这一切的。任何神经科学上的重大进展都可能使得人工智能科学产生"史诗级"的巨变。反过来,强人工智能可以让人类变得更加强大。

科学家们十分期待人工智能无限靠近自然智能的样子。在那之前,伴随着人形机器人、人造皮肤与人造声带组织的快速发展,也许人类将很快迎来肉眼难以分辨、通过对话更难分清、肌肤相亲可能也"人机莫辨"的"人工智能伴侣"。在这个过程中,人类对大脑的解码将持续进行,并在解码的基础上进行再编码,为人机结合的实践增添无尽的想象空间。

第 2 章 矩阵启动：真正的神经解码与脑机接口

脑机接口是通过神经工程手段实现大脑与外部设备信息交互的交叉前沿技术，在医疗、康养、教育、娱乐等领域有着广阔的应用前景，已成为全球各国科技竞逐的重要赛道。

——《上海市脑机接口未来产业培育行动方案（2025—2030 年）》

想要走出自然进化并根据地理-文化环境，为人类"量身定制"进化路径，就必须先解码自然进化有史以来最伟大的杰作——人类大脑。

解码与再编码：人类伟大的游戏

解码就是解密。当解密越来越接近答案时，大脑的奖赏回路会被强烈激活，给予人奖励感的体验。细分起来，解码又可以由易到难。

您可以基于人生经验去解码一个人的思想，也可以在科学技术的帮助下解码决策行为背后的复杂动机。最难的莫过于再编码，比如让机械臂或机器人在人的思想指引下活动。

有一位清华大学动力系毕业的老校友在他 2013 年公开出版的散文集里大发感慨，认为此生最有乐趣的事情之一就是思考动机-行为理论。这是社会心理学当中非常重要的理论，因为人类在社群中的诸多行为背后隐藏的正是身体需要型动机或心理需要型动机。找到动机（emotion），不但能够解释一个人的复杂行为，还能预测他的下一步行为。许多人类从事的工作都需要推理其他社会成员的动机，并预测他们的行为。本质上，这就是一种解码-再编码。

其中，合作行为背后的动机让进化学家痴迷。

合作行为太重要了！一个人愿意为了大家的共同利益而协调行动，促进集体利益最大化，我们就说他是"亲社会的"；反之，一个人损人不利己，甚至以损害别人的利益、共同的利益为乐，我们就说他是"反社会的"。过去，许多观点认为"反社会"倾向是一种心理扭曲，现在研究发现，原来反社会型人格障碍（antisocial personality disorder）是一种疾病，患者大脑的情感逻辑推理功能出现了问题，一般是先天性的。中外多种调查结果表明，在成年人当中，男性患有反社会型人格障碍的占 2%~4%，女性的这一比例为 1%~2%。但一定要说明，患有反社会型人格障碍的人不一定会做出反社会的行为，因为后天的抚育也十分重要，良好的亲子关系、教育环境可以让他们不走向无差别的暴力犯罪。

研究发现，驱动合作行为的心理动机与多种情绪有关，其中有一些居然是负性情绪，比如内疚（guilt）和羞耻（shame）。显然，内疚和羞耻具有非常重要的道德功能。内疚的情绪有时候可以促进个体做出亲社会行为，因为为了减少内疚感，个体会尽力避免对他人的伤害行为，或者在伤害行为发生后对受害者做出一些补偿行为来挽回错误，减轻对受害者的伤害。羞耻也可以，因为它可以让一个人产生亲社会性合作的欲望，渴望通过帮助其他个体获得赞赏、保持社会地位或提升其在社会群体中的被接受度。比如，有一些羞耻心理带有强烈的自我防御性，因此人们存在维持积极自我的强烈需求。一旦自身面临威胁，个体就可能采取亲社会行为来修复受损的自我。人们常说"论迹不论心"，在这种情况下羞耻心理从结果来看促进了合作行为。反社会型人格障碍患者的情感逻辑推理功能出现了问题，该内疚的时候并不内疚，该羞耻的时候也不羞耻，因此同情心与共情心都无从谈起，便失去了基本的道德感与正义感。

对人们情绪的操纵，也是一种再编码。所以毫不奇怪，古往今来的"大人物"会熟读经典，从经过"同行评议"的大量经典文本数据当中"解码"世事人情的规则，然后加以利用。像曾国藩、李鸿藻、张之洞、翁同龢、王闿运等人，他们留下了许多日记，其中大量记载着如何

22

观人、识人、用人的内容。在社会心理学的视野下，这些动作本质上就是解码与再编码。还有两本晚清知县日记，一本是王祖询的《蟫庐日记》（外五种），一本是杜凤治的《杜凤治日记》。

《蟫庐日记》的精彩之处在于作者充分利用文学的力量，通过激活当地百姓观念世界中的权威概念，来推行教化，解决分歧。

这条治理经验极其重要，它可以制止分歧，也可以进行社会动员。哈佛大学燕京学社社长裴宜理教授到中国乡村研究晚清及民国时期的社会动员机制，发现拥有相对较高知识水平的人们通过将新的权威"偶像"的画像放在轿子里"游神"，来完成一种神圣性的横向移植。因为在该时期的底层民众眼里，坐在轿子里的"神"必定是值得尊敬的、可追随的。裴宜理在其代表作里用两个重要概念来阐述其中原理："文化置位"（cultural positioning）和"文化操控"（cultural patronage）。

《杜凤治日记》更加精彩，杜知县把他一生搜集的县域潜规则尽数写在日记里，他完全没想到使用行草书写就的"密码本"在百年以后会被中山大学历史学系教授邱捷等人仔细整理，公开出版成点校本。总体来看，古人使用文字来解码其他社会成员的行为，并记录成日记；今人则解码其日记，然后重新编码，为我们解码过去的社会、世情、人心提供了第一手档案资料。在反复的解码-再编码过程中，人类对其他社会成员、对自身的动机-行为机制都增加了认知。

溯源：择偶动机

择偶动机是人类自身最底层的"算法"之一。所谓"择偶动机"，简单理解就是个体想要与异性建立亲密关系的心理状态。

一旦择偶动机启动，不管男女都会在一定程度上变成另外一个人。比如关于"恋爱脑"的讨论，一个人坠入爱河，似乎就变笨了。现在我们知道了，原来人们在注视爱人时，与理性评估、长远决策相关的前额叶皮质是被轻微抑制的，所以处于热恋中的人们往往只关注"当下"，而且是"当下"的一部分。

择偶动机的启动不光影响理性价值判断。女性择偶动机的启动会让其有意或无意地迎合世俗审美。比如，跨文化的研究发现，女性的身体容易"客体化"，就是其年轻、美貌、丰腴程度成为评判其价值的"黄金标准"。"女为悦己者容"——这是怎么一回事？经典的进化心理学告诉我们，早期的智人一切为了繁衍，只能从肉眼可见的线索去判断潜在配偶的基因质量和生殖潜力。从进化生物学的角度看，女性的生殖潜力与一系列身体特征显著相关。比如，不再苗条的身材意味着年龄较大，卵细胞的质量随着年龄的增加而加速下滑，第一个断崖式拐点出现在 30 岁附近；再比如，腰臀比也能反映个体是否拥有较高的生殖潜力，所以"蜜桃臀"在许多亚文化社群十分流行。于是乎，男性可能会在无意中集体演化出对拥有这些身体特征的女性的偏好，从而使影响这些身体特征的基因得以传承。因此，女性大可不必为了男性潜意识里的审美标准而苦恼。

群体遗传学验证了这一点。一项研究发现与"颜值"相关的基因位点多达 203 个，其中大量与颅面部形状、整体形态发育相关，尤其在与颅神经嵴、颅面组织发育相关的区域最为富集。更重要的是，鉴定出来的这些与"颜值"相关的基因位点居然有许多还参与了肢体、骨骼与器官的发育。所以常常看见美人之美，既在骨又在皮，脸好看，手也好看，身材比例也好，真是让人羡慕！

女性有择偶动机，男性也有择偶动机。

择偶动机还会通过影响一个人的心智，使其做出冒险行为。比如危机救助行为，也叫英勇行为（heroic behavior），就是指一个人愿意冒着自己的生命危险去救助其他人。普通人会赞美这样的人英勇，进化心理学家更加关心他们这样做的"潜在收益"。不是说英勇的人是为了收益去施以援手，而是在漫长的进化过程当中，这种"潜在收益"使得英勇的人更加容易有后代，"英勇"基因更加容易世代传承。

近年来，我们看到了更多舍身救人的勇敢女性。有一次，一个持伞的年轻女性用力击打持刀伤害另一名女性的男性。还有一位年轻女性用自己的身体帮助伙伴挡住了歹徒的刀子，最终两人都幸免于难。天生的"利他主义者"以及英雄主义都是一种客观存在，是复杂社会的正能量。然而，从数据上看，两性在见义勇为方面仍存在着明显的组间差异，即男性见义勇为的人数显著多于女性，男性比女性更愿意进行高风险的救人行为。这是怎么回事？

这也与择偶动机显著相关。中国科学院心理研究所的课题组在中国的学生中间做过实验，测试男性与女性的见义勇为意愿。结果发现，男性整体比女性更愿意为了陌生人挺身而出。有意思的是，当择偶动机启动时（在分别观看异性照片后），这种组间差异变大了。更多的男性在看了漂亮的异性照片以后，在下一轮测试中愿意见义勇为，做出"英雄救美"的举动。而女性则相反。在进化心理学的理论框架下，这很容易解释：对男性来说，勇气是一种信号，可以向潜在异性配偶展示其优势，女性会认为可以对陌生人见义勇为的人一般更能照顾好未来的妻子和孩子；反过来，女性通常以照顾下一代为己任，所以当择偶动机被激活时，她们更愿意保全自己，以免被伤害波及。

原来，真的存在预置的"编码"等待被激活。

不受控制的极端情绪

科学家希望了解更多超越心理动机的部分。比如，强大的情绪会激起特殊的动机，然后驱使人做出与平时完全不一样的行为。那么,情绪到底是怎么来的？编码情绪的脑区在哪里？有没有办法在解码的基础上操纵它？

比如愤怒。您大概率体验过"无明业火三千丈"的感觉,就是在某一个特殊的情境之下,愤怒的感觉灌满全身,然后像被乌云笼罩的城市一样,昏沉、暗淡、压抑,只想突然一个雷电霹雳,去将漫无边界的黑云给劈开。一旦发泄出来,大概率会伴随一种酣畅淋漓的感觉,但是头也许蒙蒙的,心脏说不定还有一些不适,仿佛能够感受到在长长的血管里面,血液像大江大河一样奔流不息,浪花翻滚,卷起的浪花像雪一样砸碎在血管壁上。不用再精细地描绘,人人都体验过愤怒,它像是给你塞了一把锤子,让你去砸,让你去破坏。即使是常人,未必拥有"虎狼之威",但也会有"雷霆之怒";它们又像无边的荒原上点燃的野火,起初是一点火苗,难以听见火烧的声音,但很快白色的烟雾会转换成红色的火墙,然后这火墙又排山倒海一般倾倒下来,誓要将荒原上莫名出现的生物都砸个粉碎。愤怒到极致,仿佛体内汇聚而成一头怪兽,让任何平素温文尔雅的人也无法承受,只能任其冲破胸膛,膨胀而出。

浙江大学胡海岚教授课题组致力于探析与愤怒情绪相关的脑区。他们发现,一个叫作"后侧无名质"(pSI)的脑区的强烈激活与愤怒情绪的出现显著相关。在小鼠身上做测试的结果表明,在 13 种攻击性场景,诸如同性攻击、异性攻击、捕食性攻击、杀婴攻击等发生时,

pSI 脑区全部处于激活状态,深度参与了愤怒-攻击过程的调控。而且,pSI 脑区的编码方式是梯度式的,"怒火值"在胁迫刺激的影响下逐渐升高,直至爆发。更重要的是,进一步的光遗传学实验表明,"怒火"可以人为点燃。通过人为激活 pSI 的特定部位,就可以让小鼠瞬间切换到"战斗状态",其呼吸频率和心率都会发生显著改变。

人类也是如此,有时候不知道怎么着就突然"炸"了,而且会伴随瞬间的生理反应:呼吸加快、心率增加、身体颤抖。显然,这对于心血管高风险群体肯定不好。正是因为意识到愤怒的负面效应,所以人们希望能够"操控"它,至少可以"约束"它,以免"愤怒的野兽吞噬了自己的孩子"。

但有些伤害身体的极端情绪在理论上难以"操控",比如与抑郁症相关的症状。现代医学告诉我们,真正的抑郁症不同于时隐时现的抑郁情绪,已经是一种脑生理性疾病,难治性抑郁症还会带来巨大的自杀风险。不管是人类还是动物,都可能患上抑郁症。

抑郁症的致病机理十分复杂,一种可能的致病机理是,当外界不利的应激状态使小胶质细胞过度激活时,小胶质细胞的极化表型会通过神经免疫、神经递质、内分泌和神经元重塑等多种途径促进焦虑、抑郁情绪的发生与发展。神经生物学实验可以向我们展示,如何人为地让小鼠患上抑郁症。比如,让小鼠禁食、禁水,剥夺其感觉,对其施加各种噪声等应激刺激;比如,向已经受孕的小鼠待的笼子里放进雄性小鼠,让雌性小鼠长期处于慢性压力当中;再比如,从雌性小鼠生下幼崽后的第二天开始,连续两个礼拜每天在固定时间把它的幼崽取走,通过强制母婴分离来诱导"产后抑郁"。为了研究抑郁症,研究人员不得不在实验室建立"抑郁症动物模型"。

在弄清与抑郁症相关的脑区之后,科学家们希望进一步找到治疗抑郁症的化学药物,以修复"坏掉的"神经回路。推而广之,未来人类可以尝试控制其他所有的神经回路,从而获得对自身动机最底层"算法"的控制权和编辑权。

强控:胜利者效应

敢于从一个胜利走向下一个胜利——这就是"胜利者效应",关键词是"敢于"。实际上,"胜利者效应"最早是一个心理学术语,指这样一种现象:动物或人类在战胜一系列较弱的对手之后,再与强者竞争时,胜算要比一上来就面对强敌大得多。所谓锐不可当! 对于这方面的研究,浙江大学的胡海岚教授同样取得了突破性进展。

胡海岚教授领衔的项目"负性情绪和社会竞争导致抑郁症的脑机制研究"获 2023 年度国家自然科学奖二等奖。她的经典之作是发表在《科学》杂志上的论文《胜负经历重塑丘脑到前额叶皮质环路以调节社会竞争优势》(*History of winning remodels thalamo-PFC circuit to reinforce social dominance*）。

一般而言,下一等级的动物不敢直接挑战上一等级的动物,特别是首领,除非首领明显变弱。它们会表现得十分恭顺,比如黑猩猩,会在首领经过时俯首帖耳。这在进化上具有显著的好处:不要去过多地挑战强者,以免给自己带来致命的危险,即"认清自己的位置"。

但胡海岚课题组证实了大脑中"胜利者神经回路"的存在。在实验室内,研究人员让两只小鼠在玻璃管中狭路相逢,再设计使其进行一场打斗。落败的小鼠下次再遇到胜利者时,会自动退让,一种等级关系便确立了。然而,定向刺激落败小鼠大脑内侧前额叶皮质的特定区域,落败小鼠就可以像打了鸡血一般,重新投入战斗后竟打败了之前的胜利者!课题组进一步把"胜利者神经回路"定位在中缝背侧丘脑与前额叶皮质之间,再用光遗传学手段定向增加这一回路的神经元突触强度,便可成功操纵"胜利者效应"。总之,胜负经历可以重塑丘脑到前额叶皮质环路,以调节社会竞争优势。他们还有如下发现:① 小鼠与强者等级相差越多,越需要提高"神经激活剂量"来帮助自己完成"逆袭";② 如果帮助小鼠成功"逆袭"6 次以上,那么就算不再给它"神经激活剂量",它自己也能"逆袭",而且一次次成功的经历增强了它们大脑中"胜利者神经回路"的连接强度;③ 团队用"争夺热源"实验验证了以上结论,即再次集合一群不同的小鼠,把它们安置在冰冷的方盒中,盒子中只有一个地方有热源,小鼠会竞争这一温暖地带。结果，那些之前在玻璃管实验中成功"逆袭"过的小鼠，更容易再次取得胜利。这不禁让人联想到体育运动的重要性。体育锻炼可以带来一次次小的成功经历，帮助我们重塑自己的大脑，然后在更大的挑战中，依靠强健的大脑"胜利者神经回路"调整自己的意志力和情绪，把力量集中在一点，最终取得更大的胜利。敢于战斗，敢于胜利！

更有意思的是，胡海岚课题组还发现了"失败者效应"的神经机制。

2023 年，其发表在顶尖权威科学期刊《细胞》(*Cell*) 上的论文解释了为什么大部分人在屡战屡败后就颓废了。原来持续性的奖励不如预期、惩罚超出预期，会促使人们出现抑郁样行为。此时，大脑的反奖赏中心外侧缰核被强烈激活，簇状放电，可抑制与计划、执行力相关的前额叶皮质。实际上，这在进化上也有意义，可以避免徒劳无功的尝试与浪费：算了吧！算了吧！在哪里反复跌倒，就在哪里躺下吧！

已经有一种应用于临床的基于脑刺激的难治性抑郁症治疗方法，即脑深部电刺激法(DBS)。这个技术在治疗帕金森病方面收效较佳，实际上在难治性抑郁症的治疗方面也有应用。根据公开发表的医学文献，这种方法是在患者的颅骨上钻孔，植入 1 毫米级别的微电极，在锁骨处包埋线路，然后开机。一般来说，患者大脑与记忆、执行和情绪有关的脑回路会有所改变。有的患者的极端抑郁情绪可以得到明显改善,有的患者在一定电压下没有效果,但加大电压后就有了。

胡海岚课题组不光研究与社会竞争相关的抑郁症的神经机制,也探究治疗办法。他们还发现,当给小鼠全身注射经改造的氯胺酮以后,药物会阻断外侧缰核异常的簇状放电,在 24 小时内消除抑郁、低落、颓废等负性情绪,这使得小鼠可以重新以较好的情绪状态加入竞争。

那么,如何做到屡败屡战呢?原来,在外界治疗药物的辅助之下,我们虽然失败但仍旧可以挺住,只要挺住就又有了重新战斗然后取得胜利的可能性。美国的明星企业家埃隆·马斯克(Elon Musk)尤其如此。有一张经典的历史照片显示他"惆怅"地对着一地碎片发呆。当时,也许巨大的失利带来的负性奖赏预测误差强烈激活了他大脑的反奖赏中心外侧缰核,进而诱导抑郁样行为,又抑制调控社会竞争力的内侧前额叶皮质,让人产生"退让"又"颓废"的感觉。这位明星企业家后来回忆道,他每隔一段时间就有"化学性的低落情绪思潮,就像患抑郁症一样"。

理论上,等到胡海岚等科学家的成果成功转化为治疗药物上市,就可以从根本上阻断抑郁情绪,让人重拾操控感。此外,从哲学上看,这样的研究恰如马斯克所期待的:人类可以通过技术性手段来控制自我"化学性情绪思潮"的涨落,从而获得对自己身体在更高维度上的控制权。脑机接口技术(brain-computer interface,BCI)正在很好地帮助人类实现这一点。大概也正是因为如此,马斯克同样热衷于发展脑机接口技术,并希望先进技术掌握在负责任的人手里。

脑机接口：惊人的跨越

人类在对大脑的解码方面持续取得进步：从宏观的心理动机,到中观的情绪机制,再到微观的脑疾病生理机制,以及更加微观的药物起效靶点。在神经科学领域,两大近乎永恒的研究热点正在吸引最聪明的人摩拳擦掌,一是包括但不限于难治性抑郁症的一系列脑疾病,二是基于神经解码与再编码的研究,比如脑机接口技术。

脑机接口技术的雏形早在 20 世纪 20 年代就出现了。

因为它基于浅显易懂的科学逻辑,即大脑通过神经电信号指挥全身的肌肉系统、编码与信息传输,一旦破译了这些神经电信号,理论上就可以"挟持"整个身心系统。当然,在破译之前需要先收集信号。早在 1924 年,德国精神科医生汉斯·伯杰(Hans Berger)就在患者的头部检测到了微弱的脑电波,并发明了记录这些微弱电信号的脑电图。但是很可惜,在伯杰医生的工作发表之后近 100 年间,人类都无法在临床上真正应用脑电波。有过一些无创的技术,通过在额头部位收集脑电波信号,然后与一些玩具飞机、兔耳朵等相连,让它们在脑电波的操控下做出一些简单的动作,但准确性很差。有创的技术更加重要。然而,人类长期无法找到既精度高又耐腐蚀,还对大脑伤害小的电极材料。最重要的是,如何通过对多种脑电信号的分析准确地预测大脑的"思想",以及如何通过新型的侵入式或非侵入式脑电设备赋予人类通过意念操控电子设备的能力。

大约从 21 世纪第二个十年开始,脑机接口技术才伴随着人工智能学科突飞猛进的发展,进入又一个重要的发展阶段。2024 年以来,中美两国的脑机接口研究团队都取得了重大进展,而且主要集中在侵入式脑机接口(iBCI)的研究上。

美国的埃隆·马斯克创立的 Neuralink 公司持续招募临床试验的志愿者,他们的目标是在一定程度上恢复瘫痪患者与外界进行交流以及行走的能力。公平地说,Neuralink 公司的临床试验开始得较晚,落后于美国的其他同类公司。其因为之前的动物脑机接口试验未能有效保障安全性,造成试验动物"不必要的"痛苦和死亡,被监管部门调查了很久。2022 年 5 月,Neuralink 公司终于获得美国食品药品监督管理局(FDA)批准,启动了侵入式脑机接口设备的人体临床试验;同年 9 月,招募第一批临床试验志愿者。2023 年 1 月 2 日,马斯克高调地发布了临床试验的进展,视频显示大脑内部植入 iBCI 的患者感觉良好,术后 20 天基本没有出现不良神经系统反应,还可以通过思考来控制鼠标移动。这之后,Neuralink 公司继续招募临床试验志愿者。这个过程一般将持续较长时间,要找到愿意为一项并不十分成熟、可能还需要做开颅手术的技术做志愿者的患者,还需要说服其家属同意,以及在长达 18 个月的时间内接受 9 次家庭访问和亲自到专业诊所检查,配合分析、披露个人相关必要信息,并不是一件容易的事情。

马斯克与 Neuralink 公司的名气可能是最大的,只是目前取得的进展却不是最快的。比如,Neuralink 公司是把一块硬币大小的 iBCI 植入物放进患者的大脑皮质区域,而其竞争对手 Synchron 公司是把支架一样的植入物放进大脑血管,后者的进展速度更快。

中国方面,截至 2025 年 6 月底,我国的科研团队接连取得了突破性进展。比如,中国科学院脑科学与智能技术卓越创新中心联合复旦大学附属华山医院与相关企业,成功开展了我国首例侵入式脑机接口的前瞻性临床试验。一位因高压电事故导致四肢截肢的中年男性在 2025 年 3 月植入脑机接口设备以后,仅接受了 2~3 周训练,便实现了下象棋、玩赛车游戏,达到了与普通人控制电脑触摸板相近的水平。这次临床试验使用的电极非常先进,是目前全球最小尺寸、柔性最强的神经电极,最大限度地降低了神经电极对脑组织的损伤。这一成果标志着我国在侵入式脑机接口技术上成为全球第二个进入临床试验阶段的国家。2025 年 6 月,由南开大学牵头,联合三博脑科医院、福建省第二人民医院的研究团队,完成了全球首例侵入式脑机接口辅助人体患肢运动功能修复试验,成功帮助一名偏瘫患者实现运动功能修复。我国目前有多个脑机接口的研究团队正在开展相关研究,这意味着有多套脑机接口的解决方案正在继续探索当中。

全面掌控:侵入式脑机接口

当然,截至目前,全球还没有高质量的民用脑机接口设备上市。

未来不管是美国的还是中国的类似设备,一旦正式上市都将是划时代的,代表人类颠覆性新兴技术的巨大进步。要知道,1998 年以来全世界至少 21 个研究小组以及 67 名患者参与了脑机接口的临床试验,但没有一款设备进入医疗器械市场。像 Synchron 公司,不但主持脑机接口临床试验,还自行开发新型电极。因为植入式电极的使用寿命对 iBCI 设备的商业推广至关重要,相当于脑机接口公司最为核心的技术。

对不同团队的脑机接口技术进行科学的比较有些困难。

大众往往根据新闻热度来衡量孰优孰劣,然而关于每种植入设备到底表现如何,业界也缺乏足够的数据。首先,患者志愿者总数仍不够多,目前最新的公开数据显示,67 人当中仅有 31 人仍健在。其次,术后跟踪随访的总体情况并不佳。原因很多,诸如侵入式设备导致并发症,患者中途退出试验;研究经费被削减;首席研究员工作调动,退出试验等。此外,电极的功能寿命也严重制约了试验继续进行。根据统计,所有志愿者的平均入组时间仅为 35.5 个月,中位数为 24 个月。这个时间对于评估脑机接口侵入式设备的长期安全性远远不够。

截至 2023 年底，还有 13 个研究小组继续从事临床试验研究。此外，还有一些初创公司在募资阶段，尚未启动正式的临床试验，比如原 Neuralink 公司的高级管理人员马克斯·霍达克（Max Hodax）于 2021 年创办了新型脑机接口公司 Science Corp，旨在为盲人提供人工视觉，其技术难度比让瘫痪患者重新站立起来并行走更大。再比如，中国国家医疗保障局已经对侵入式和非侵入式脑机接口医疗器械进行前瞻性立项，以便最大限度地帮助这类前沿科技产品上市，并尽快让瘫痪、失语患者等受益。上海的侵入式柔性脑机接口也开展了高精度实时运动解码和语言解码的临床试验，非侵入式产品正在进一步提升技术水平和应用规模。要知道，从患者接受植入，到相关结果正式形成，再到经过同行评议的研究论文发表，通常需要 3~5 年的时间。因此，我们可以期待当下正在进行的临床试验将在未来几年内带来新突破。

但是人们可能还没准备好接受脑机接口的侵入式设备。

美国皮尤研究中心在 2022 年进行了一项民意调查，结果显示仅有 13% 的人认为"在大脑中植入计算机芯片"对社会来说是一个好主意，高达 83% 的人希望进一步提升侵入式设备的安全性，以及制定统一的测试标准。这样的结果是高度流动的，一旦优秀的侵入式设备问世,就有可能在短时间内改变人们的观念。在行业监管方面,一个 iBCI 协作社区组织于 2024 年 3 月成立。这类机构旨在为全球的脑机接口技术研发者、潜在受益者提供一个共享的交流平台,从而促使最顶尖的脑机接口公司通过协调一致的科技伦理标准和技术标准持续地创新脑机接口技术。起码对那些出于各种先天和后天原因而四肢瘫痪者及渐冻症和视觉障碍患者来说,脑机接口技术有望在看得见的未来给他们带来重大改变。

此外,中国上海市已于 2025 年发布旨在推动脑机接口产业落地的"未来产业培育方案"。到 2030 年,我们将会看到高质量的脑机接口产品"全面实现"临床应用,这将是人类世界全面拥抱脑机接口技术的一大标志性事件,脑机接口将不光能辅助人类进行运动控制、言语合成和神经疾病治疗,还能够帮助人类进行视觉重建。人类可以大胆想象脑机接口技术与人工智能技术、人形机器人技术、外骨骼与义肢假体技术混合之后的应用场景。

对普通人来说,仅仅可以通过脑机接口技术抓握喝水的杯子并没有太大的吸引力,闭着眼睛也能"看见"世界可能吸引力更大一些。更加久远的目标之一,应当是通过脑电信号与体内的肌肉系统、重要器官等进行通信。在"技术合流"之前,脑机接口和外源培养人体类器官的研究都将持续进行下去。这是人类对解码-再编码的永恒兴趣,人类将在自我进化中走向更广阔的天地。

第3章 类器官：脱胎换骨的
伟大起点

类器官智能(OI)正在快速崛起！OI 将为人类提供一种真正的生物计算形式，以合乎道德的方式，利用科学和生物工程的进步来驾驭脑器官！

——美国约翰斯·霍普金斯大学教授托马斯·哈通(Thomas Hartung)

在培养皿上可以培育出人类器官，从而为人类理解自然进化的"路径"服务。届时，若人类有能力在培养皿中培养出可以媲美自然进化而来的器官的器官，便有希望造出更好的杰作，这是开启主动进化进程的关键一步。

批量生产移植器官的必要性

如果您留意一下，在社交媒体上经常可以看到这样的新闻："割皮救父小伙说只要能救俺爸""24 岁哥哥割 1/3 肝脏救 8 岁弟弟""96 年父亲暴瘦 40 斤割肝救女"。器官移植新闻最能见证一家人的互帮互助。数据显示,家人之间的器官移植占比最大,而且往往发生在亲子之间。

比如,有一家医院 5 年间做了 175 例亲属间活体肾移植手术,其中父母与子女之间的有 63 例,兄弟姐妹之间的有 49 例。另一家医院 4 年半间做了 104 例活体肾移植手术,其中父母或兄弟姐妹之间的多达 95 例。此外,父母割肝给子女的也特别多。这样做有许多好处:一是只需要移植部分肝脏而不需要移植全肝脏;二是大大缩短了孩子等待肝源的时间,而且缩短了移植肝冷缺血的时间;三是可以比较自由地安排时间。

然而,很多国家都面临可供移植的器官短缺的难题,还面临因伦理管理混乱而衍生的一系列乱象。以美国为例,通常需要做器官移植的患者需要排队,然后在登记系统里接受打分,直到等来适合移植的器官。器官移植系统的管理是一个技术活。有时候,技术上的混乱以及流程上的不够公开透明会为当地的器官移植事业带来负面影响。

2021 年出现的一起骇人听闻的"错摘器官"事件直到 2024 年仍未尘埃落定。在美国肯塔基州,一个名叫尼科莱塔·马丁(Nyckoletta Martin)的女士向监管部门举报,说她供职的器官移植协会存在严重的违规行为。她在美国国会作为证人站出来,并主动从涉事协会辞

职,然后重新找了工作。然而,2024 年 9 月,涉事的器官移植协会向
她的新单位施压,居然导致她被解雇。2021 年,尼科莱塔亲眼见到人
还没死,却要被推进重症监护室摘除器官。当时,她在肯塔基州器官
捐献者协会已经工作一年。那一次,她被告知是"一名年轻男子服用
违禁药物过量,被宣布脑死亡",所以可以"回收"器官。然而,尼科莱
塔的一名同事说,准备给男子插入摘除器官用的导管时,他居然苏醒
了,而且有挣扎动作。院方的处理是给男子打镇静剂和麻痹剂,然后
把男子送回重症监护室。后来,该男子第二次醒来。至此,宣布该男
子脑死亡已是一个客观错误,但尼科莱塔的一名上司说该男子已经
"死了",只是出现了"条件反射"。后来,昏迷的男子又被送回手术
室,医护人员甚至给他鞠躬,走流程。然而,男子又醒了。"他哭了起
来,摇了摇头,拉着呼吸管。医生只能取消手术,再次把患者送回重症
监护室。那名高级器官移植官员试图寻找另一位外科医生来摘取器
官,但没有人愿意这么做。"两周后,男子出院,包括尼科莱塔在内的
几名器官移植员工都辞职了。

在向众议院能源和商业委员会听证会作证以后,尼科莱塔重新
在一家生产转运器官的设备公司找到了工作。然而,肯塔基州器官
捐献者协会以"接到投诉"为由,通知这家企业禁止尼科莱塔参与该
协会的任何移植案例。结果,设备公司只能解雇她了事。

一方面,大量的患者在排着队等待稀缺的捐赠器官,否则就要面

临注定到来的死亡;另一方面,一些国家难以完全规范地管理器官移植系统。比如,此前美国政府宣称要改革整个器官移植系统,但仅靠脑死亡患者的有限捐赠将永远无法满足需求。科学家所希望的是,能不能在体外培养人体器官,使其具备全部的生物学功能? 又或者在其他动物体内培养人类器官,然后再进行移植? 人体大部分器官的衰老往往远远早于大脑的衰老,以致人之将老的时候,身体的器官早已不再年轻。

如果能够批量生产并顺利地移植人体器官,让人体处于一种始终最优的动态平衡当中,那么将有助于人类首先实现健康地老去,其次实现尽可能地长寿,最终实现想象空间更大的主动进化。

以眼球移植为例: 人类正在克服技术难题

人类历史上还从来没有完整地移植过眼球。

当一个人的视力受损时,他想的是治疗或者安于现状,脑机接口创业公司思考的是如何帮其再现视觉。但是,还有一种办法,就是移植眼球。

2021 年 6 月,美国阿肯色州一个 46 岁的电工亚伦·詹姆斯(Aaron James)遭受严重电击伤,失去了左臂、整个鼻子、下巴、门牙、左半边脸以及左眼。严重的毁容导致他无法见人,无法咀嚼食物,也无法说话。他受伤之后长期依靠流食度日。就技术难度而言，现代医学可以帮他安装手臂义肢，也可以移植面部、下巴、门牙和鼻子，但最难的是移植一颗完整的眼球，不是早已存在的义眼，而是一颗来自人类的眼球。纽约大学朗格尼医学中心（NYU Langone Health）的外科团队为他做了手术，眼球和面部都来自同一个捐赠者。

2023 年 5 月，手术成功实施，这是人类医学史上第一例全眼移植手术。手术难度极大，整整持续了 21 个小时，一共有 140 多名外科医生、护士和其他医疗专业人员参加。詹姆斯在朗格尼医学中心重症监护室待了 17 天，出院后搬到附近的一间公寓，继续接受门诊康复治疗。在正式手术之前，朗格尼医学中心整形外科团队跟詹姆斯密切接触了一年，反复讨论面部移植和全眼移植的可行性，并在术后更加密切地追踪詹姆斯的恢复情况。

根据朗格尼医学中心发表的文献，这颗移植的左眼已经显示出适应的迹象，比如观察到血液流向这颗眼球的视网膜区域，而且视网膜可以对光刺激产生生理反应，表示这颗眼球是"活"的。然而，詹姆斯无法用这颗眼球看见物体。因为视觉通路分为前半段和后半段，前半段为视网膜等捕捉物体反射的光线然后成像，后半段为神经电信号通过视神经传递到高级视觉处理中枢。可惜，詹姆斯的视神经已经在非常靠近眼窝的部位被截断了。把别人的眼球跟自己的视神经连接起来，并让视觉通路正常工作，所需技术大大超出了目前人类的医学水平。

即使如此,仍意义重大。

只从美容角度看,也有明显收益。詹姆斯再次变成了一个拥有两颗人类眼球的人,只不过一颗属于他自己,另一颗属于别人。为了这颗捐赠的眼球,他在器官移植登记系统里等待了 3 个月,一个 30 多岁的年轻人捐赠了自己的眼睛、面部、肾脏、肝脏和胰腺,一共救了 4 个人。作为"回报",朗格尼医学中心的团队使用 3D 打印技术,重新打印了这名捐赠者的面部和其他附属器官,并送还给他的家人。

全眼移植难在哪里?第一难在说服患者。

不管在医学层面具有多么大的意义,对詹姆斯来说,也许安装一只成熟的、漂亮的义眼是更佳的选择。漂亮,是指义眼已经可以做到颜色、形状、仿真度跟他原本的真眼几乎一模一样。人类非常注重眼神的交流,不同的研究都表明眼神交流具有重要的社会功能,也是恋人之间、亲人之间加强亲密感的重要方式。漂亮的义眼虽然无法进行实质性的眼神交流,但会让旁人感到亲切和自然。

人类佩戴义眼的历史非常久远。第一例人类佩戴义眼的考古证据来自伊朗,考古人员在公元前 2900 年的一处遗址中,发掘出了一具佩戴着一只由黏土做的义眼的女性遗骸。这只义眼上面还钻了小孔,可以穿过丝线,然后固定在眼窝里。作为装饰,义眼上面还黏附了一层金箔。考古学家结合其他证据推测,这枚昂贵的义眼的主人应该是一名高级祭司,她那闪着金光的义眼很适合进行"通灵"的神秘仪式。

公元 16 世纪,意大利威尼斯人开始使用玻璃制作义眼,其工艺后来被法国人学去,并且传播开来。到了 19 世纪中叶,使用玻璃制作高级义眼的中心已经转移到德国,德国人使用稀有的冰晶石制作义眼。第二次世界大战期间,美国人无法再从德国订购义眼,于是美国政府委托私营部门开发出了使用丙烯酸塑料制作义眼的技术。自此之后,聚甲基丙烯酸甲酯(PMMA)成为通用的义眼制作材料。在 3D 打印技术兴起之前,人类已经可以又快又便宜地批量生产义眼。

2024 年 2 月,一项利用 3D 打印生产义眼的技术公开发表。通常,传统的义眼先用海藻酸盐印模,然后专业人员再根据患者的眼睛情况,通过肉眼观察来精修。因此,义眼的制作长期是一个小作坊式、在家族内部传承的手艺。比如,美国义眼师协会虽然与眼科学院合作,会进行笔试和实践考试,但学生们过着"五年学徒"(三年在职培训、两年做义眼实习)的生活。根据统计数据,美国现在只有大约 170 名认证义眼师(BCO)。3D 打印义眼就不同了,最精细的活交给机器不但比传统手工更便宜、更逼真,制得的虹膜和巩膜的视觉效果也更佳。

当然,传统义眼师坚持认为还是手工作品更加细致,堪称艺术品。他们从小学习手绘虹膜,很多家族已经传承到第三代甚至第五代。

全眼移植第二难在眼球本身。

可怜的詹姆斯在做完复杂的移植手术之后,仍然需要服用免疫抑制剂,毕竟那颗眼球本来属于别人,对他的免疫系统来说是"外来物"。还有,这颗眼球到底能在他的身上存在多久,尚不可知。朗格尼医学中心的团队评估,术后第 5 个月眼球可能就会出现萎缩。其实只要能撑到第 90 天,那就算是伟大的医学成就。之后,朗格尼医学中心再未公布詹姆斯的术后状况,他的移植眼球撑了多久也不得而知。

目前,人类已经进入连接中枢神经系统的最前沿,下一步应当是通过注射生长因子、干细胞或者别的东西来恢复视神经回路。同时,对于体外培养的类器官或者在其他物种里培养的器官,应当继续研究。

基因编辑动物器官移植,未来已来

人类已在多种重要器官的类器官研究方面取得进展。

比如肾脏,其最重要的功能之一就是生成尿液、排出尿液,以此来维持机体的电解质酸碱平衡。当前,研究人员已经可以培育出含有肾细胞的肾脏类器官,其可以发育出一定的肾小管结构。对心脏类器官的研究也是如此,截至 2024 年,研究人员已经成功培育能分化出房室和血管的心脏类器官，其学术价值很高。

但人类最需要的还是一个具有完整生物学功能的肾脏、心脏。去哪里寻？猪身上都可以有。而且，美国、中国等在这方面技术领先的国家，都已经在一定程度上开始异种器官移植临床试验，相关结果已经公开发表。

第一例移植了猪心脏的患者是美国的小戴维·贝内特（David Bennett Jr.），57 岁，他仅仅入院 6 周就用上了体外膜氧合（ECMO）。最初他的病因是心律失常，但后续发展飞快，出现严重心衰，迫切需要做心脏移植手术。然而，老先生几乎不可能在美国的器官移植登记系统获得资格，因为他患有严重心律失常和心衰，年纪也较大，还有所谓不遵守医嘱的"黑历史"，所以无法安装人工心脏，也无法在较短时间内获得移植心脏。在这种悲观的情况之下，美国马里兰大学医学院的团队说服他接受一颗猪的心脏。

在马里兰大学医学院移植猪心脏之前，美国多个团队已经在人的遗体上进行过试验。比如，美国纽约大学的外科医生曾两次获得死者家属的许可，将经过基因编辑的猪肾脏暂时连接到体外血管，并在停止生命支持系统之前观察其运作。美国亚拉巴马大学伯明翰分校的外科医生更进一步，将一对经过基因编辑的猪肾脏移植到一名脑死亡的男子体内。马里兰大学医院则幸运地拿到了美国食品药品监督管理局（FDA）的批准，依据是同情使用（compassionate use）的规定。

这些机构用到的猪心脏全都是经过基因编辑的。只有经过基因编辑,才可以尽量去除猪心脏细胞基因组里编码内源性逆转录病毒的基因,同时可以尽量减少猪心脏对患者免疫系统的抗原性刺激。美国、中国都成立了多家基因编辑猪器官的初创公司。

在小戴维·贝内特的案例中,至少有 3 项新技术、新设备"借"他的身体进行临床试验。第一项是再生医学公司 Revivicor 开发的基因编辑猪心脏,公司一共编辑了 10 个基因,包括敲除了 3 个与免疫排斥相关的基因、1 个与猪心脏组织过度生长相关的基因,以及插入了 6 个与免疫接受相关的基因。第二项是 Revivicor 公司研发的旨在于体外环境保存心脏的 XVIVO Heart Box 灌流装置。第三项是医药公司 Kiniksa Pharmaceuticals 提供的一种全新免疫抑制剂。

这一事件当时在全球引发了轰动,人们感慨美国在猪器官移植方面走到了世界最前列。但是,从一个悲观的角度看,患者"命不久矣"。因为理论上这类技术几乎不可能一下子就成功,他终究只是一个"试验品"。果然,患者最后的日子不好过,在动大型移植手术之前,他已经在病床上躺了很久,并使用 ECMO 来维持心肺功能;术后由于肾脏衰竭,他需要持续透析;又因为不明原因的腹痛,做了紧急腹部手术。再之后,他的心脏状况重新恶化,不得已重新启动了 ECMO。两个月后,患者去世。马里兰大学医学院的医生没有透露确切死因,免疫排斥、感染和其他并发症都有可能,当然最直接明了的解释就是猪心移植技术尚不成熟。

马里兰大学医学院的团队总结经验,发表论文,于 2023 年又开始了第二例猪心移植手术。这一次的志愿者叫劳伦斯·福西特(Lawrence Faucette),57 岁,患有晚期心脏病,但情况比第一位志愿者要好许多。他本人是一名美国国立卫生研究院的实验技术员,因此对医学进展抱有希望,也乐意为基因编辑动物器官移植的研究做出贡献。可惜的是,这一次移植仍然很快失败,劳伦斯于 9 月 20 日接受手术,术后他甚至下床尝试活动,但于 10 月 30 日去世。

2023 年 12 月 16 日,中国四川省内江市的相关团队还做了一例猪心脏移植手术。只不过这一次是把基因编辑过的猪心脏移植给猴子,然后密切观察猪心脏在猴子体内跳动的情况,以及静脉、动脉的血液循环功能。四川的猪种资源闻名全国,特别是内江市建了一个专门使用基因编辑巴马小型猪的"器官工厂"。

有猪心脏移植手术,还有猪肾脏移植手术。

2024 年 3 月,患有终末期肾衰竭的 62 岁美国马萨诸塞州人理查德·斯莱曼(Richard Slayman),在美国麻省总医院接受了猪肾脏移植手术。虽然之前的动物试验表明移植了猪肾脏的猴子只存活了 176 天,但理查德没有更好的选择。当时,他已经做了 7 年的肾透析,并于 2018 年在麻省总医院移植了一颗人类肾脏。可惜的是,这颗肾脏仅为他工作了 5 年,之后他又恢复了透析治疗。再移植一颗人类肾脏极难,加上病情发展,理查德将有限的希望寄托在猪肾脏上。

当时移植手术只用了 4 个小时,但后续效果不佳。带着猪肾脏生活的理查德,术后只活了 57 天便去世了。

2025 年 3 月,中国窦科峰团队与秦卫军团队合作,给一位 69 岁的终末期肾病患者移植了一颗经基因编辑的猪肾脏;与此同时,美国的医院也在继续做基因编辑猪肾脏移植手术。截至 2025 年 6 月,中国、美国便各有 1 个移植了基因编辑猪肾脏的患者存活。美国还有一个移植过猪肾脏但已取出的患者存活。

每一次移植成功和失败,科学家都会第一时间采集血液和组织样本,分析数万个细胞的变化,然后总结经验,看看到底是抗免疫药物不行,还是移植器官的组织细胞遭到了不可逆转的损伤。

新的猪器官移植手术还在进行。猪心脏移植、猪肾脏移植,当然还有猪肝脏移植。

中国在猪肝脏移植方面取得了进展。2024 年 3 月,中国的窦科峰团队和陶开山团队,将一只经基因编辑的猪的全肝脏移植给脑死亡的患者。在移植手术没有完全结束之前,那颗猪肝脏就恢复了血流,而且马上开始分泌胆汁,没有出现超急性排斥反应。这是一大突破。

总体而言,中、美目前都跑在了猪器官异种移植的最前列。科学是循序渐进的,在过去几年还看似遥远的未来已来,异种器官移植将会大显神威。

毒腺类器官的启发

人体之外,大自然当中也存在许多对人类很有用处的迷你腺体,比如各种毒蛇的毒腺,其含有的毒液可以开发出医学价值。

迄今为止,毒蛇咬伤人类的事件仍然时有发生。要研究蛇毒抗体,就要获取毒液。比如在巴西圣保罗大学,有的博士生的日常工作就是喂养毒蛇,然后采用技术手段获取毒液。

但是,获取毒液十分危险,想要对毒蛇进行遗传操作,从而修改与毒液合成相关的基因,获取新型蛇毒更加困难。正因为如此,要是能在培养皿上合成毒蛇的毒腺类器官就太好了! 而且,能合成一个就能合成多个,这样就可以在实验室得到许多毒腺类器官,可以从容地、安全地对其进行科学研究。博士生们再也不用每天提心吊胆地打开装着毒蛇的笼子进行操作了。

类器官研究的世界级先驱汉斯·克莱弗斯(Hans Clevers)教授的团队在这方面取得了进展。

他们在实验室条件下至少培育了 9 种毒蛇的毒腺类器官,这使他们可以几乎永久地、源源不断地获取不同的毒液。在高分辨率显微镜下,他们可以仔细地观察合成毒液的毒腺细胞,并通过添加不同的细胞因子进行更加精细的操作。更进一步,这些毒液可以帮助人类开发新型降压药或止痛药。也因此,克莱弗斯教授从 2022 年起兼任著名跨国药企罗氏制药的研究与早期开发(pRED)负责人,并进入罗氏制药执行委员会。2024 年 3 月,上海市举办了一场关于类器官与新药研发的高峰论坛,克莱弗斯教授作为最重要的嘉宾之一出席。

从毒蛇的毒腺类器官,到人类的泪腺类器官,再到人类大脑的类器官,世界上最优秀的类器官研究团队首先考虑利用这些类器官研究人体器官的各种生理功能,其次研究各种器官病的病理特征,最后帮助制药企业或医院开发创新药物和诊疗方案。更进一步,最高水平的团队还在考虑如何利用大脑类器官来解码大脑的发育之谜,既为治疗难治性脑疾病服务,也可以为脑科学与人工智能科学的深度交叉融合贡献思路与线索。最终,类器官的终极目标之一是为人类提供可定制化生产、移植的器官。

再造器官,从泪腺开始

泪腺虽然只是我们身体内一个非常小的器官,但是它非常重要。

流眼泪是一个典型的生物物理学问题。我们的泪腺平均每天可以分泌 0.5~0.6 毫升眼泪,这些眼泪会先储存在一个小小的泪囊里。

当需要眼泪的时候,会发生非常有意思的生物物理学变化:我们的眼轮匝肌最先收缩,泪囊会产生明显负压,然后泪水会慢慢流出。当我们的眼球比较干涩,或者遇到异物刺激时,也会刺激泪囊分泌泪液。此外,当我们的情绪特别激动,或者精神压力很大时,去甲肾上腺素的合成与分泌将增加,同样会生理性地刺激泪腺组织迅速膨胀,然后把泪液挤出来。一个有趣的问题是:孕妇为什么很容易流眼泪? 这与女性受孕以后体内激素发生剧烈变化,去甲肾上腺素分泌明显增多有关。

泪液具有许多功能,除了有显而易见的社会学功能之外,还有非常重要的生理学功能,比如可以维持眼球表面的清洁,使其免受感染。人一旦患上干眼症,最严重的后果包括视力丧失。当泪腺功能发生障碍时,人们可以使用人工泪液、服用抗炎药物或者进行一些小手术来缓解症状,但这仍然无法从根本上防止泪腺萎缩。近年来,伴随着干细胞再生医学的发展,已经有一些恢复泪腺功能的替代疗法。人们当然希望可以获得新的、具备完整生物学功能的泪腺或其他器官,但在那之前有必要在外部实验室条件下,对这些器官进行功能测试,比如在培养皿中培育类器官,检查其是否功能齐全。

幸运的是,科学家已经在培养皿中培育出泪腺类器官。

什么是类器官? 就是将相关的干细胞接种在一定的容器里(容器事先配置有特殊的基质胶),加入特定细胞因子,然后让干细胞在这些条件下不断生长、分化，最终变成包含多种器官特异性细胞的产物，这些产物具有对应器官的特异性。泪腺类器官在外源添加去甲肾上腺素以后，就可以观察到泪液类物质流出。汉斯·克莱弗斯教授的团队就曾经试过将泪腺类器官移植到小鼠的眼部，结果观察到了泪管样的结构。这就是一大进步。

克莱弗斯教授几乎以一己之力支撑了类器官研究领域的发展，并极其重视临床转化。在他的带领与呼吁之下，类器官技术于 2013年被《科学》杂志评选为"年度十大科学突破"之一，他本人也屡获大奖。2017 年，类器官技术又被《自然》杂志子刊评选为"生命科学领域年度技术"。

类器官与类器官智能时代

不管是在实验室条件下培养的类器官，还是猪身上生长的可用于异种移植的器官，它们在服务人类方面殊途同归，而且有望在未来实现真正的合流。

眼下，类器官还可以在除了移植以外的其他方面造福人类。

比如用于疾病建模。肾脏类器官和心脏类器官可以模拟人类胎儿对应脏器的发育状态，因此，用类器官对许多先天性疾病建模是完全可以做到的。目前，全世界的研究团队已经使用这些类器官"复制"了许多疾病。未来，更成熟的类器官还能用于对更多的迟发性疾病进行建模。

再比如用于新药筛选和毒性检测。前面提及的类器官研究先驱汉斯·克莱弗斯教授之所以被大药企雇用，就在于他的类器官开发技术可用于新药筛选。一款新药在用于临床试验之前，可以先在类器官上进行测试。比如，将一定剂量的药物添加到类器官中，可以观察类器官的变化，它们的胱氨酸水平可能升高或降低，细胞凋亡和自噬过程可能增加或减少。还有，新药的毒性检测极其重要，尤其是必须检测一款新药是否具有肾毒性，这时肾脏类器官就可以派上大用场。

当然，类器官研究的终极目标肯定离不开提供成熟的、可供移植的器官。然而，这一过程注定要比在动物体内培养基因编辑的器官更难。除了类器官本身，还要考虑体内微循环刺激是否适合类器官发育成熟。目前而言，人类尚无法培育完整的、成熟的类器官，但人类能做的是让泪腺类器官分泌出泪液，让毒腺类器官分泌出毒液。在这个方向上，人类已经可以用人造的生命体来合成人类所需的目标产物。下一章，我们将从战略决策者的高度一探伟大的合成生物学的近况。

第4章 终极造物：从空气中制造粮食

人类世界正在无限接近生物技术领域的"ChatGPT 时刻"！

——美国智库卡内基国际和平基金会(The Carnegie Endowment for International Peace)报告

我们不但要能够解码自然进化的"路径"，复制其最杰出之处，还要能够在兼具准确度与精确度的工具的帮助下，从头设计、改造、加速进化。我们正在打造与磨炼伟大的新"工具箱"，其中最闪耀的颠覆性新兴技术，一是基因编辑，二是合成生物学。

超越传统合成生物学的新战略

当前，大国已把发展合成生物学作为国家战略，这种颠覆性新兴技术的战略地位与芯片、集成电路和人工智能等技术相当。

比如美国。美国实际上一直在推行"军民融合"。在 20 世纪的"冷战"时期，国家安全长期是推动科技创新的重要引擎。大国以安全为由，加大军事国防部门的投资，再由国防部门去投资大、中、小私营部门。2022 年，美国政府发布了旨在发展生物经济的行政命令，其中要求联邦政府将发展生物经济作为优先事项。对此，美国国防部响应最为积极，迅速制定和发布了专门的《生物制造战略》。

具体操作上，美国国防部启动了预算巨大的"分布式生物制造计划"，通过招标评选的方法，扶持全美各地的中小型生物制造企业。重点是，美国政府不但扶持它们发展壮大，而且推动它们从私营部门转型成为一定程度上的"军事生物部门"。

比如，一家原本生产香水、香料的小型合成生物学企业，因其技术可以通过适当的改造转而生产军用生物基产品，国防部便对其投资，帮助其建设更大规模的发酵罐。如此一来，一家香水香料生物公司就变成了生产军用战略物资的"军工生物企业"。这样做一是增强了企业的全球竞争力，可以在美国本土以国家安全的名义承接国防部甚至其他国家的相关订单；二是提高了美国国防关键物资供应链的安全性，因为本土产量增加意味着抗海外供应链意外中断的复原力大大增加；三是便于美国政府加强对关键供应链的管理，因为这些接受国防部科技创新投资的企业，将在"维护国家安全"的要求下为美国的政治利益服务。

学者将美国政府推行合成生物学战略与生物制造战略的举动,视为"汉密尔顿主义"的回归。

所谓"汉密尔顿主义"是一种实用主义,它认为企业在全球范围内的成功与国家安全、国家权力息息相关,相互依存。尤其是大型科技公司及关键新兴产业,其不仅是国家财富和军事安全的基础,更是社会和政治稳定的基础。总之,经济政策就是国家战略,反之亦然。我们仔细观察会发现,大国的合成生物学战略正是在这样的治国方略之下,引领着技术、产业和社会的发展。

所谓"合成生物学",广义上就是过去的生物工程或工程生物学。合成生物学不同于基因工程,后者常常是利用分子生物学工具改写一个物种的基因组,或者把一个物种的基因转移到另一个物种。合成生物学的工作更为底层,它可以直接合成基因的组成单位,甚至从头设计,合成出一个自然界中没有的基因组。伴随着基因编辑技术和人工智能技术的发展,当今合成生物学技术更加强大。借助工程化设计理念,现代合成生物学可以合成最基础的基因路线、生物器件和多细胞体系,然后在这些多细胞体系或"细胞工厂"里实现广泛的生物基产品的合成。如此一来,过去无法在生物实验室或生物制造工厂生产的产品,便可以在实验室条件下大批量生产。比如牛肉,可以不用在大草原上生产,而在发酵罐中合成。除了食物,合成生物学还可以对生产生物燃料、合成关键药物前体、制造生物传感器等做出巨大贡献。

合成生物学的魅力还体现在它像一只无形之手，将多个学科融合在一起。由于合成生物学可以人工合成地球上从未有过的生物基产品，因此它非常依赖于其他科学领域的技术进步，比如纳米技术、机器人技术以及人工智能。在如此多的高新技术的加持之下，合成生物学一次次带给人类惊喜，比如在新冠疫情期间，合成生物学为人类带来了前所未有的 mRNA 疫苗。拥有设计、制造和分发 mRNA 疫苗的国家，在国际上也产生了巨大的影响，"卫生外交"真实地发生了。

这些都会对传统产业产生巨大的重塑效应，很可能影响全球产业竞争格局，进而影响许多国家的经济安全。因此，许多国家都极其重视合成生物学，将它视为"改变游戏规则"的最关键的新兴技术之一，并对这个领域扩大投资。比如，分析联邦数据库报告发现，从 2008 财年到 2022 财年，美国政府对合成生物学的研究资金从 2 900 万美元大幅增加到近 1.61 亿美元，而且这些数字很可能大大低估了联邦投资总额。长期以来，美国政府都将联邦科技投资作为杠杆，以政府投资引领私营部门投资。如果把私人投资计算在内，那么全球在合成生物学方面的投资预计到 2030 年将在 370 亿~1 000 亿美元之间。

一旦拥有最先进的合成生物学工具，生产制造一系列关键供应链上的生物基产品便成为可能。这可以让一些国家走到全球供应链的中心或主导位置,在自身不被其他国家牵制的同时,基于强大的合成制造能力,可以向全球投射影响力,从而获取巨大的地缘政治和经济利益;反之,还可以防止竞争对手国家的钳制。

生物安全与生物安保:大国观点

在许多科幻电影中,富有探险精神的宇航员进入外太空,到达未知的星球,往往只关注是否存在足够的氧气、食物、水资源,容易忽略是否存在未知的病原体。有一些科幻电影聚焦于致命病毒,但为了戏剧效果,常常把病原体拍得像毒药一样,一旦进入人体便马上发作;又或者,想象病毒来自远古的冰川或者深不见底的地下。

实际上,病原体就在人类看不见的地方,参与着宏观尺度上的大循环。有时候,它们不是从山上或地下来,而是从天上来。比如,对美国内华达山脉的流行溯源研究发现,土壤以及动物携带的病毒相当一部分来自对流层,它们先是被强劲的海洋雾气带向天空,再通过下雨等大气水循环降落到地面。还有,禽流感病毒可以藏匿在天上飞过的候鸟体内,然后候鸟降落,跟地上的家禽发生密切接触,再然后,重组后的禽流感病毒就可能感染人类。

科学家一直在担心重组的禽流感病毒溢出到人类世界引起新疫情。

　　一项研究追踪了亚洲 15 个城市的活禽交易市场。在每个城市平均检测了 7 家活禽交易市场，重点是检测 H7N9 型禽流感病毒毒株的扩散情况。结果发现，H7N9 病毒早在 2019 年之前，就在从南向北扩散，其扩散的路线正好与家禽贸易路线以及候鸟迁徙路线高度重合。几乎在每一个活禽交易市场，都能检出 H5 和 H7 两种亚型的毒株，许多市场的检出率达到 2% 左右。这就非常危险了。

　　但是家禽交易市场检出禽流感病毒的比例远远高于正规的养殖场。这表示养殖场的"生物安全"情况明显好于菜市场。

　　许多人大概没领教过进入正规养殖场的烦琐要求。有的地方甚至要求相关人员洗澡、换衣服，并且严格佩戴鞋套才可以进入参观。在农村地区，小型养殖场在动物疫情较严重的时期也会选择关闭，并且不再接待访客。再留意一下，正规养殖场多选址在特殊地方，这些地方往往与其他动物饲养场、动物隔离场所、动物屠宰加工场所、经营动物及动物产品的集贸市场、饮用水水源地、居民生活区、学校及医院等公共场所保持必要的距离，其目的就是"生物安全"。

　　普通人很难分辨生物安全（biosafety）和生物安保（biosecurity）的区别。在有些地方，这两个术语被混用。但实际上，生物安全侧重于防止病原体意外泄漏和传播，一旦其广泛传播便可能导致突发急性传染病；生物安保侧重于防范病原体有意释放。所以，您很容易知道，当谈论生物安保的时候，氛围要相对"军事化"一点，它通常指某些国家或势力故意制造生物武器,以引起令人恐慌的生物危机等。

2019 年 7 月,中美两国合成生物学科学家共聚一堂,在美国华盛顿特区召开过一场会议——"合成生物学时代的生物安全与生物安保:美国与中国观点"。说是会议,其实更像是一场中美科学家关于生物安全与生物安保的对话。会议由美国约翰·霍普金斯大学健康安全中心与中国天津大学生物安全战略研究中心共同主办。

当时会议讨论了一个重要的议题:"当一些国家开展可能无法控制地对人类、动物或植物造成致命伤害的传播性病原体研究时,其他国家是否有权知道这个情况?"

之所以讨论这一重大问题,就在于合成生物学正在迅猛发展,因此合成生物学大国应当负起更多的责任,主动引领全球"开展有益、安全和可靠的合成生物学研究"。这时候,可以不用将生物安全与生物安保分得那么细,因为不管是无意泄漏还是有意释放,都将对全球造成巨大的潜在伤害。因此,美国方面的专家提出,应当密切关注"两用(军用和民用)生物安全和生物安保问题"。

中国的生物安全战略专家也回应,考虑到两用生物技术的复杂性,无论有意还是无意地滥用都可能对安全和经济造成严重后果,因此仅仅依靠普通的生物安全措施是远远不够的,还应当加强两用生物技术研发的安全审查。因此在复杂的地缘政治背景之下,再严格区分"生物安全"与"生物安保"已无太大意义。比如,美国政府已经逐渐将"生物安全"的内涵外延扩大。

美国政府倡导发展生物经济，那么任何影响生物制造产业链安全，进而影响生物经济安全的因素，都属于生物安全的研究范畴。换言之，可能影响生物安全的因素不再局限于病原体、毒素等，还包括竞争对手国家突然颁布的进出口限制法案、限制投资的行政命令等。总之，生物安全的边界正在快速扩大，并与国家安全息息相关。

银胶菊与橡胶草：造物致用之始

人类对合成生物学的期望值很高。

其中，一些期待已经超越了科技本身。比如，多个国家期待通过发展合成生物学来增强本国在全球供应链网络中的竞争地位。如此一来，可基于新兴技术的不对称优势在全球投射基于技术的影响力。

当人类之间进入剑拔弩张的紧张局势时，任何平常的事物都有可能演变成遏制对方的战略工具。比如，美国在历史上曾经将人们赖以为生的小麦发展成为战略工具和武器，就是以禁止小麦跨国贸易或破坏其他国家之间的小麦贸易为胁迫手段，要求目标国家配合其外交政策。再比如，美国和苏联都曾格外重视发展天然橡胶的替代物——银胶菊和橡胶草。它们是合成生物学的植物原材料，经过基因改造可以成为生产橡胶的"植物工厂"。大国担心有一天这种重要的战略资源会被对手掌控,那样的话将给国家安全带来不可控的危害。

有必要先为您补充一些植物生理学知识,就是天然橡胶不都是从橡胶树(比如三叶橡胶树)上来的。实际上,很多植物都可以产出天然橡胶的主要成分聚异戊二烯。通过不同植物合成的天然橡胶中的聚异戊二烯存在的具体化学形式有所不同,在植物体内存在的部位也有所不同,这就导致不同植物产出的聚异戊二烯的量是不同的,质也是不同的。只不过,人类农业史上从橡胶树上获得天然橡胶的"综合得分"是最高的。

"冷战"时期,美国政府发现可以通过一种叫作银胶菊的植物生产一定比例的天然橡胶,其有望成为海外橡胶树的替代物。美国政府曾经指派国防部加紧对银胶菊进行研究,希望其能够在一定程度上替代海外橡胶树生产天然橡胶。有意思的是,银胶菊这种植物在我国还被算作入侵植物。与此同时,苏联发现通过橡胶草——一种蒲公英属的植物——也可以生产天然橡胶,因此也找到了替代战略的研究对象。苏联政府曾经在一些地区大力推广种植橡胶草。

除了这些,还有许多植物含有天然橡胶成分,比如杜仲,但其有效成分是一种反式聚异戊二烯,制成的橡胶质地较硬,不太适合做成轮胎等产品,却可以用来做成电缆。

然而,尽管当时美国、苏联都在加紧研究银胶菊、橡胶草,但都没有取得突破性进展，想让这些植物替代橡胶树难度很大。随着"冷战"的结束，全球橡胶贸易重新回到一种非常安全的状态，这些国家不再担心天然橡胶供应链会被意外中断。在这种情况下，银胶菊、橡胶草或杜仲的国防科学研究基本中止。只是，仍然有一些研究团队在坚持研究，致力于提高其转化效率。

比如美国俄亥俄州立大学的卡特里娜·科尼什（Katrina Cornish）研究团队同时在做银胶菊和橡胶草的替代研究，近年来已经取得一系列重要的突破，比如成功研制出特殊絮凝剂，使用这种絮凝剂可以显著地缩短橡胶的分离周期，还可以大大提高产率。不过，不管是银胶菊还是橡胶草，它们所产出的天然橡胶都与橡胶树来源的天然橡胶有着质的差别。比如，银胶菊或橡胶草产出的天然橡胶的拉伸力学性能都不够好，而且含有很多蛋白质、脂肪酸等成分。

即使如此，银胶菊和橡胶草容易种植，所消耗的水资源也更少，因此在气候变化的大环境之下，这些植物在替代占地面积较大、消耗水资源较多的橡胶树方面是一种比较可行的技术路线。截至 2024 年，卡特里娜·科尼什等人的研究团队已经得到一些战略投资，相关合成生物学项目再次获得支持。

我国也有非常不错的研究成果以及极具前瞻性的战略布局。早在 2017 年，中国科学院遗传与发育生物学研究所的李家洋院士团队就独立组装了高质量的橡胶草基因组草图。在我国许多农业发展的重大项目背后，往往都有李家洋等科学家的身影。院士牵头去做橡胶草的基因草图，其战略重要性可见一斑，最直接的目的就是加速橡胶草从野生植物向经济作物驯化的进程，即主动地加速橡胶草的进化。紧接着，多个团队致力于不断提升橡胶草的产胶量，其最新成果表明已经可以把橡胶草的每亩干草产量从 80 千克提高到 120 千克，干草产量越大，产胶量自然就越高。此外，像新疆农业科学院农作物品种资源研究所这样的单位正在利用本地优势大量扩繁橡胶草的种子。在新疆广阔的大地上，已经有多处高产橡胶草的试验田。

合成生物学的大众期待

所谓"大众期待"，是指人们朴素地希望合成生物学能够生产出普通人群想要的好东西。这些好东西可以是昂贵的香料，也可以是重要的微生物发酵产品，抑或是治病救人的抗癌药物等。最终，未来的人们有理由寄希望于通过合成生物学合成涉及人类生活方方面面的物质。

先说合成龙涎香。

龙涎香可以视为一种极其昂贵的香料，它在中外医疗史上占据重要地位,在当今全球香料贸易中仍是绝对的宝贝。但就物理本质而言,龙涎香其实是一种病理性肠道结石,来自抹香鲸。有时候,这种肠道结石会被抹香鲸排出体外,幸运的话,我们可以在沙滩上捡到这种昂贵的香料。新鲜龙涎香一般都有强烈的高浓度吲哚的味道,就是粪臭,闻起来体验不佳。但那些在海上漂浮了多年的龙涎香,据说有着复杂丰富的"熏香、泥土、樟脑、烟草、麝香"的气味,淡而持久。还有的鉴香师认为龙涎香有一种"甘香气",总之可以把它用作许多名贵香水的定香剂。中国宋代就有士人笔记记载了龙涎香,说它是一种重要的香药。

过去想要大量获取龙涎香绝无可能。一,没有那么多抹香鲸;二,不是所有的抹香鲸都有病理性肠道结石;三,漂浮在海上的龙涎香不一定会被捡到。对现代人类来说,已经有了人工合成龙涎香的方法。说是合成龙涎香,实际上是合成龙涎香的主要香气成分龙涎香醇或降龙涎香醚。一种技术路线是以角鲨烯为底物合成龙涎香醇,所用到的工程大肠杆菌整合了角鲨烯合酶等基因。

近年来,我国多位合成生物学家找到了新的技术路线,比如使用植物来源的二萜香紫苏醇(diterpenoid sclareol)来合成降龙涎香醚。其中,二萜香紫苏醇是最重要的起始原料,经过基因改造的酵母细胞是合成目标产品的"车间"。值得一提的是,二萜香紫苏醇来自植物,产量亦受到限制。因此,又有研究团队开发出了在酵母细胞里合成二萜香紫苏醇的方法。总之,人类所需要的"好东西",不管它本来存在于动物、植物或其他生命体中,理论上都可以在"细胞工厂"里合成得到。通过对龙涎香的合成生物学研究,不但最终可以得到更加便宜的龙涎香产品,还锻炼、磨砺了合成生物学技术,使得人类从头制造目标化合物的"工具箱"更加强大!

再比如紫杉醇。

与二萜香紫苏醇一样,紫杉醇也来自植物——一种数量有限的珍稀植物红豆杉。紫杉醇是一种较为少见的植物来源的抗癌药物,其全球产量严重受限于红豆杉的数量。然而,一棵红豆杉所含的紫杉醇太少,其关键中间产物在红豆杉树皮里的占比仅有 0.004%~0.01%。所幸中国团队已经可以从烟草里高效合成紫杉醇的关键中间体,即巴卡亭Ⅲ。中国农业科学院的闫建斌团队和北京大学的雷晓光团队展开合作,前者解析了红豆杉的基因组,分析了与紫杉醇合成有关的候选基因;后者凭借长期研究天然产物合成与酶催化的优势,从多达 58 个关键候选基因中确定了 9 个参与紫杉醇合成的基因,并在烟草细胞里精准、高效地合成了目标产物。

一方面,这种合成生物学研究具有较高的理论价值,解决了困扰学界数十年的难题;另一方面,紫杉醇的生产有可能摆脱红豆杉的限制,这有利于保护红豆杉资源,符合"绿色制药"的可持续发展理念。可谓多赢!

合成生物学迈向人工智能时代

合成生物学能做的,特别是在与人工智能科学交叉融合之后,远远不止于生物制药领域。预计到 2030 年左右,人们的衣食住行以及医疗都会受到合成生物学更大的影响。先看几项最有产业前景的合成生物学产品。

一,人造肉。目前人造肉的初创企业已经发现让人造肉"流血"会使其更贴近真正的肉,即要让人造牛肉、人造羊肉或人造猪肉在被切开的时候,有红色的液体流出,仿佛血液一样。这在合成生物学领域已经可以实现,就是使用改造过的毕赤酵母来高效合成猪肌红蛋白、豆血红蛋白。合成生物学正在规模化地改造生命的精准部件库,使得工程酵母细胞可以生产人类所需的各种药物(如紫杉醇、类固醇),以及各种食品添加剂成分(如甜菊糖、维生素 E)等。

二,糖尿病治疗药物。比如德国默克公司的捷诺维(西格列汀)。这种经典药物实际上通过化学方法也能够合成,但是生产过程涉及高压环境、重金属等。现在已经有一种合成生物学方法,就是对一种选择性转氨酶进行改造,利用计算机工具设计的方法使其定向进化,最终提高药物产率。

三,电子材料。合成生物学能让人打开思路,将目光从常见的生物基产品转向看起来不太"生物"的电子产品,比如折叠手机等柔性电子产品会用到的电子薄膜。其本质上可以利用生物材料做成,而这些生物材料可以利用合成生物学的方法,通过并行构建数百万株菌株,共同生产二胺单体制成。不光是柔性显示屏,超轻电池、催化剂、太阳能电池和其他光学器件用到的无机纳米材料,理论上都可以通过合成生物学方法生产出来。

四,农业肥料。截至目前,人类进行农业生产所用到的氮肥绝大部分都是通过工业化学过程生产的,难道人类进入月球、火星等建设基地,还需要发展传统农业、建化肥厂吗?因为人造蛋白等技术的出现,人类可以在外星球基地摆脱传统农业对土壤等因素的依赖。因为合成生物学的发展,人类可以通过生物过程生产氮肥。比如对革兰氏阴性菌 γ-变形菌进行改造,这些细菌可以直接从空气中获取氮元素。

五,人造淀粉。中国科学家在这方面取得了重大进展,中国科学院天津工业生物技术研究所的团队完成了二氧化碳到淀粉的从头合成。学界的一个共识是:人类应当在接下来的几十年中努力开发新的微生物菌种,使其可以从大气中的二氧化碳中获取碳元素,通过"人造叶子"来固碳,然后合成有机物。中国科学家已经建起工业车间样板,探索规模化地生产人造淀粉。从发表的数据看,仅仅 1 米³大小的生物反应器就可以生产相当于 5 亩玉米生产的淀粉。关键是,玉米自然生长需要经历漫长的过程，春种秋收，冬天土地撂荒；但工业化的生物反应器却可以全年 24 小时不间断地运转。而且，不需要农药，也不需要化肥。

以上由顶尖权威科学期刊《自然》梳理的几种合成生物学产品不是最前沿的，而是最有可能在未来几年大规模上市的。随着合成生物学技术的进步，自然界经过数百万年进化出的"好东西"真正被人类"充分"利用。这意味着，昆虫材料也可以用于航空航天；菌丝体可以为人类的建筑服务，替代有毒的化学漆和胶；工程菌可以在飞船的小型发酵罐中为人类生产超长途星际旅行所需的食物和药品。这方面美国 NASA 一直在给相关项目拨款。

最重要的是，合成生物学的发展在人工智能技术的加持下将大大加速。

简单来说，我们已经知道合成生物学的精髓在于从头设计，即在理解生命的基础之上重新设计，然后修改、增强或者从头构建新的生物系统。人工智能技术最能够帮助合成生物学的便是实现精确性。

一，人工智能技术可以提高 CRISPR - Cas9 基因编辑技术的效率和精度。合成生物学从头设计的前提是解码，即分析大量的遗传数据，然后进行修改。人工智能既能帮助快速分析海量数据，也能通过预测得出哪些方法最有利于特定基因的修改。

二，人工智能可以帮助科学家优化实验设计。重新设计和修改是一个大工程,通常一条合成生物学通路用于工程实践时,需要调整大量技术参数才能使合成处于最佳水平。这正是人工智能的强项,通过分析大型数据集,人工智能算法可以检测不同的模式并预测不同变量将如何影响合成结果。

三,人工智能可以预测蛋白质的结构和功能。近年来这方面的进展很大,其好处在于科学家可以快速获知感兴趣的蛋白质的结构,并在人工智能算法的帮助下获知其功能。

四,人工智能可以实现"自动驾驶实验室"(SDL)。这是一个有趣的概念,就是"自主实验"的意思。让拥有自主实验能力的机器人平台与可以分析后续实验的人工智能系统相结合,它们就可以完成后续实验,为人类工作。

这就像机器人在人工智能系统的辅助下,自己做实验、自己检验产物、自己从失败中学习、自己改进,然后自己取得突破。在人类睡觉的时候,机器人平台和人工智能系统还在"搬砖"。举一个合成生物燃料的例子。通常一个优秀的合成生物学团队可以利用甲醇作为原料,在甲醇酵母细胞里合成可以用作生物燃料的倍半萜 α -没药烯。但是,人工智能系统可以自动分析整个合成途径上的不同变体,寻找最感兴趣的中间代谢产物,然后在不同的宿主细胞里面进行测试,挑选其中产率最高的不断迭代。最终结果就是,人工智能成为人类的"另一个脑",在人类的本体脑休息时,仍在不断工作、创新,并能够自主学习、测试。

　　而且，人工智能"脑"相对不受物理尺度的限制。它们可以部署到大型自动化机器人平台，当然也可以部署到微型纳米机器人上，从而可以进入人体，甚至通过血液循环突破血脑屏障，"部署"到人脑，成为真正的"第二脑"。这将带来从微观医疗到宏观进化的巨大变革！

第 5 章　人机结合，微观医疗的
爆炸性颠覆

　　进化不匹配（evolutionary mismatch）是这样一种现象，即过去发挥适应作用的基因变异与当前环境中疾病风险的增加有关。

　　　　　　——著名科学期刊 eLife，进化医学（evolutionary medicine）特刊

　　当人类越来越多地以进化的眼光看待自身时，必然会尝试在本质上修正人类医学的哲学与观念，并最终产生新的医学伦理，以便重新设计、改善人类的身体。特别是在人工智能的全方位辅助之下，人类最有可能在医学领域率先践行"主动进化"的"路径"选择，改造自身。

哺育人类：母乳与奶粉之争

　　截至 2025 年，仍然没有一款配方奶粉能够在营养上赶超母乳。

配方奶粉企业的营销总是铺天盖地并且偷换概念。

为此,世界卫生组织(WHO)与联合国儿童基金会曾经联合发布了一份文件,题为《配方奶粉营销如何影响我们的婴儿喂养选择》,旨在抨击过度营销的配方奶粉企业以错误的营销信息干扰父母的喂养选择。

新西兰前总理海伦·克拉克(Helen Clark)说:"几十年来,配方奶粉行业在产品营销上无视国际社会的建议,尤其在面对那些负担能力较弱的女性时。配方奶粉营销毫无底线可言,因此应为其设置不得触碰的红线。"

公平地说,优秀品牌的配方奶粉的营养正越来越接近人类母乳的营养,但其配方和生产工艺再进步,终究不是人类的母乳。两者所含成分差异很大,全母乳喂养的婴幼儿与全配方奶粉喂养的婴幼儿在消化系统、免疫系统的发育上往往有着直观的差异。比如,全母乳喂养的婴幼儿一般不容易生病,即使生病,也容易好起来。

这得益于母乳当中含有以下配方奶粉难以添加的成分:可以预防疾病的抗体、可以调节食欲的激素分子、可以支持器官发育和修复的干细胞、可以抵抗病原体感染的白细胞、可以促进消化系统发育的有益菌、有助于大脑神经系统和眼睛发育的长链脂肪酸等。重要的是,人类的母乳是一种"活的液体",可以跟婴幼儿的身体进行"互动",在后者发生感染的时候,母乳可以将母亲体内合成的抗体输送给孩子。

2021 年，有一项研究发现，新冠病毒的抗体可以经过母体传递给胎儿。这个结果毫不奇怪，因为我国与新加坡等国的研究已经发现，孕妇确实可以把抗体传给胎儿。

实际上，人类科学家早就知道母乳可以给新生儿提供宝贵的抗体、免疫细胞和免疫因子等。比如，母乳中含有的母乳低聚糖（HMO）早已被证明具有很好的抗菌作用，这也是婴儿生病时母乳中白细胞迅速增加的原因。再比如，母乳中的黄嘌呤氧化酶能与婴儿口腔唾液底物反应，释放微量过氧化氢等杀菌物质，抑制有害菌生长；即使在体外添加母乳，抑菌效果也长达 24 小时。所以基于营养学的原因，世界卫生组织和联合国儿童基金会以及其他一些国际机构组织长期宣传母乳喂养，并给出婴儿喂养指南："婴儿出生后应尽早给予母乳喂养，尤其是出生 6 个月以内的婴儿，应当进行纯母乳喂养。"

"母乳银行"，在彻底飞跃之前

2022 年，美国曾经出现一次全国性的配方奶粉短缺。5 月 23 日，美国白宫的官方社交媒体账号甚至发布了一张照片，说是在总统的领导下，已经安排了一架军用飞机从德国向美国印第安纳州运输婴儿配方奶粉，并说还要向宾夕法尼亚州运输奶粉。一架飞机搭载了 7

万磅雀巢奶粉,由美国总统援引《国防生产法》从海外空运而来——这件事在中美社交媒体上都引起了震动。

当配方奶粉供不应求时,"别人的母乳"也能解燃眉之急。

美国有一种"母乳银行",就是母乳多的女性将自己的母乳捐赠出来,并存储在第三方机构,以供分发给需要母乳喂养的家庭。一般而言,这些女性需要先做一次血液检验,然后在血检合格之后试捐1.5~3升母乳。机构将不同来源的母乳倒在一起,经过巴氏灭菌之后,分装成许多小瓶。这些"别人的母乳"主要提供给早产儿喝。有

一位护士母亲,每天分泌的母乳远远超过自己 6 个月大的孩子食用的量,于是她在家里的冰箱里装满了母乳,并在 6 个月内每天为当地的"母乳银行"捐赠 2 份母乳。

全美"母乳银行"协会一共有28 家成员单位。当配方奶粉大范围短缺时,得克萨斯州、伊利诺伊州、加利福尼亚州等地的"母乳银行"会接到大量电话,善良的母亲们愿意将自己多余的母乳捐出。那些早产儿,特别是重症监护室的

"母乳银行"中混合之后等待分装的母乳
图片来源：Yu Y J. Demand for donor milk rises ancid baby formula shortage.

早产儿,需要母乳。富含高蛋白和抗体的母乳可以帮助早产儿健康发育。

没错,对早产儿来说,母乳相当于"药物"。

大量的研究告诉我们:母乳对婴幼儿的心脏发育有显著的保护作用。早产儿在成年以后更容易发生心室体积偏小、供血能力弱等不良事件。如果他们在哺乳期便能得到纯母乳喂养,那么情况将得到显著改善。正如前文所说的,人类母乳当中还含有干细胞,即人乳干细胞。实际上,人类母乳当中的细胞类型非常多,有乳腺祖细胞、泌乳细胞、肌上皮细胞、干细胞,还有许多免疫细胞。其中,干细胞不但有利于消化系统、免疫系统发育,还有利于新生儿(尤其是早产儿)的神经发育,以及有利于提高新生儿脑损伤的治疗效果。这方面的研究太多了,在学界已成共识。

从"胸哺"到"瓶哺":人类哺育后代的纠结史

长期以来,中国传统文化认为母乳喂养孩子是天经地义的,这是一种民族文化。在西方世界,儿童得到社会的重视经历了一个曲折的过程,直到 18 世纪,科学家和文学家才开始真正研究儿童、重视儿童。但在考古界,已出土的新石器时代用来喂养婴幼儿的容器表明,人类天生希望使用母乳或至少动物的乳汁喂养自己的孩子。

　　在近代中国，用什么喂养孩子经历了一次文化革命。

　　先是营养学的知识传入中国，使得中国人民更加懂得母乳喂养孩子的重要性。1933 年 4 月 4 日儿童节，当时的上海市卫生局局长李延安在《申报》上发文，宣称为了"一国国民之强健"，他不仅提倡儿童卫生，也呼吁社会注重婴儿哺乳，使其能健康成长。除此之外，当时的社会舆论认为儿童是国家未来的主人翁，将来是要承担国家重大责任的，所以必须有强健的身体。但当时的国民病弱者多，一大原因是在婴儿时期未受到良好的养育，所以成年之后，虽百般调养，终难转弱为强。如此一来，人们正确地认识到一个人的身体强弱与否，与幼时受到的养育、营养是否充足显著相关。

　　他们呼吁母乳喂养的直接目的是希望"国民强健"。因为近代的中国受到的不公平待遇太多了，所以仁人志士都希望自己的民族能够真正强大起来。发展体育运动是出于这样的目的，呼吁母乳喂养也是出于这样的目的。考虑到那个年代惊人的婴儿死亡率和营养不良发生率，这样的呼吁在科学上完全站得住脚。

　　随着"女性解放"的思潮渐起，女性的解放必然伴随着外出工作，这就给纯母乳喂养孩子造成了困难。在当代社会，越来越多的工作场所会在本就紧张的大楼内安排 1~2 个房间，装有空调和冰箱，妈妈们可以将乳汁挤出后冷藏起来，下班以后带给孩子。但在以前，大部分家庭没有冰箱，工作场所也很少可以提供母乳储存的条件。

牛奶就在这种环境里得到了普及。

当时,富裕人家的母亲即使不能用自己的乳汁喂养孩子,也可以雇佣奶妈。普通人家可以选择其他人工哺育食品,比如牛奶、马奶、羊奶、驴奶、猪奶等。经济条件较差的人家用奶糕、豆浆、米汤、面糊、稀饭、菜汤等喂养孩子。当时的资料记载,大多数普通人家一旦母乳不足,就将价格低廉的奶糕捣碎喂养孩子。显然,奶糕不全是奶,对婴幼儿来说含淀粉太多而含优质蛋白质太少。好一点儿的家庭当时就用动物性乳品喂养孩子。这种情况到了 20 世纪 50 年代,配方较为粗糙的"奶粉"开始大量生产,比如以牛奶或羊奶为原料,添加乳清粉、植物油、维生素等成分。牛奶的出现,在很大程度上给人类提供了最为关键的营养,并解决了需要出去工作的妈妈与需要补充营养的孩子之间的"矛盾"。

进化史告诉我们,消化牛奶的能力在世界各地的古代人群中独立进化。这种进化的由来带有极大的文化演化成分,即人类饲养、驯化奶牛,同时又因为母乳的不足或母亲需要外出采集食物、工作,而不得不给孩子补充动物乳汁。文化演化又反过来加速了人类的进化,使其获得消化牛奶中乳糖的能力。

最近几年,继动物奶之后,植物奶的概念横空出世。行业龙头企业获得了大笔投资,并在推崇素食的社会文化浪潮下得到迅猛发展。然而,在 2023 年全美营养学大会上,一项研究结果公开向植物奶"开

炮”,即任何一种植物奶都无法在营养上替代动物奶,不管是杏仁奶
还是其他什么奶。归根结底,植物奶的蛋白质含量太低,平均每 240
毫升(一盒)植物奶只含 2 克蛋白质。相比较而言,全豆奶的植物蛋
白含量较高。然而,普通牛奶的对应值是 8 克,差异达到数倍之多。
此外,大多数植物奶的钙含量和维生素 D 含量也都低于牛奶。所谓
外源添加的营养成分,其吸收率是一大问题。还有,植物奶中的关键
矿物质,即磷、镁、锌和硒等的含量较低。总之,植物奶难以称得上是
奶,远不如动物奶,更远不如人类的母乳。

精准、精细、可控:乳制品中的机器人

前面已经提到,人类的母乳不但可以把抗体传递给新生儿,而且
本身就具备一定的杀菌能力,但这种能力较为有限。

动物乳制品也是如此。回顾亚洲人民食用牛奶的物质文化史会
发现,人们在很早之前便意识到牛奶之于儿童的好处。维生素的发
现、蛋白质缺乏和所谓“东方健康问题”的提出,使得改善营养缺陷成
为热带曾被殖民的国家(例如印度)推广公共卫生改革的重要组成部
分。这些殖民者认为,东方饮食而非热带气候,才是印度人较为缺乏
“强健体格”与“活力”,且“虚弱”又“暴躁”的“根源”,解决办法是引
进西方的膳食结构,比如补充动物乳制品。这些“知识”被印度政府

接受。印度国家规划委员会国家健康分委员会吸收了西方营养医学的报告,指出印度以大米为主的传统饮食结构存在缺陷,"奶、鱼、肉、蛋、蔬菜(保护性食物)才是更好的营养来源"。比起大豆,牛奶更重要。某些国家更是激进地宣称,虽然大豆是很有价值的食物,但对以大米为基础的饮食结构没有益处。

然而,很长时间内饮用牛奶的习惯在印度并没有流传开来。

一个不太重要的原因在于风俗习惯,比如印度民族运动领袖甘地一度十分坚持"过度饮食致病论",他认为难以找到健康的奶牛,因此牛奶并不洁净,普通人的饮食还是多吃蔬菜、水果、豆类等素食较好。1914 年,甘地大病一场,为了恢复力量不得不补充动物蛋白。他曾说:"我只能继续喝牛奶,这是我人生的悲剧。"

但甘地正确地指出了一件事,即当时的缺少消毒和保持牛奶洁净的技术。这需要由政府和有权威的个人出面,系统地推广牛奶。其中,印度人韦尔盖斯·库里恩(Verghese Kurien)在长期发展个人乳制品事业之后,发动了"印度白色革命"(White Revolution in India),即"牛奶洪流"计划,极力鼓励以吃素为主的印度人尝试食用牛奶和奶制品。同一时期,亚洲其他国家比如日本,也在国内大力推广使用奶制品。再然后,中国也大力普及这一点。这样做的正面收益已经得到十分显著的体现:过去 20 年,中国青少年男生、女生的身高增幅稳居亚洲第一,中国青少年女生的平均身高更是遥遥领先。

即使如此,使牛奶等奶制品保持绝对"洁净"仍是一个问题。

可以对牛奶进行巴氏消毒,但巴氏消毒并不是万能的。比如有一种致病菌——金黄色葡萄球菌,它可以耐受巴氏消毒和热加工而不被消灭。一旦奶制品被金黄色葡萄球菌污染,其产生的葡萄球菌肠毒素就可能导致消化不良或其他疾病。人类需要一种技术,可以定向地识别牛奶中的金黄色葡萄球菌,然后将之"剥离"出去,同时又不能损伤牛奶中的有益微生物群。

采用纳米技术可以办到。

纳米技术是一系列颠覆性新兴技术中发展最快的技术之一,有预测显示,从 2021 年到 2030 年,纳米领域市场总值的复合年增长率有望达到 36.4%。其神奇之处在于当物质达到纳米尺度时,许多物理性能将发生巨大变化,出现很多特殊的性能,比如小尺寸效应、表面效应、量子尺寸效应、宏观量子隧道效应等。

纳米机器人技术属于纳米技术的一种,其运动的能量可以来自化学染料,也可以来自光、超声波或磁场。捷克布拉格化工大学在纳米机器人去除乳制品中的有害菌方面取得了进展。他们设计的通过磁力驱动的纳米机器人可以装载免疫球蛋白的抗体,这些抗体可以定向地与金黄色葡萄球菌结合。这种结合是特异性的,不管是在体内还是在体外,实验都表明这种纳米机器人不会吸附其他菌,所以不会令鲜牛奶中的有益微生物群受损。在效率方面,使用鲜牛奶样品时,牛奶中大约 83% 的金黄色葡萄球菌可以特异性地吸附在纳米机器人上,然后被分离出去。

纳米机器人同样可以用在人体中。同样是金黄色葡萄球菌,它们感染人体之后可能引起皮肤感染、致命性脓毒症等。关键是这种有害菌具有抗药性,比如耐甲氧西林。韩国成均馆大学的一个团队开发了抗菌型纳米机器人,它们可以通过共价作用与金黄色葡萄球菌结合,然后特异性地对其进行捕杀。其原理是纳米机器人产生热量和活性氧,然后在大约 20 分钟之内通过损伤细胞壁来诱导金黄色葡萄球菌死亡,清除率达到 99.999%。

纳米机器人还可以用在血液里。让纳米机器人在超声波的作用下移动,就可以让其像天然免疫系统一样去清除"超级细菌"。从发表的结果看,用纳米机器人处理被金黄色葡萄球菌污染的血样大约 5 分钟,便能大幅降低样品中的毒素水平。更进一步,进入人体血管的纳米机器人还可以进行全身健康检查,定向清除血栓以及心脏动脉壁上的脂肪沉积物。

近年来,已有中美研究团队合作开发了能够治疗癌症的纳米机器人,但不是基于直接的吸附或破坏作用,而是让纳米机器人携带靶向药物,自行寻找肿瘤组织细胞,然后定向释放靶向药物,杀死癌细胞。

1959 年,著名物理学家理查德·费曼(Richard Feynman)在演讲中天马行空地畅想,认为人类有一天可以开发出"分子机器",它们进入人体以后,可以顺着血管自动抵达病灶,然后释放药物或进行手术,以治愈疾病。在很大程度上,费曼教授的预言已经变成现实。

　　未来,人类可以在以下几个方面对纳米机器人抱有期待,它们对人类健康和寿命上的帮助将构成强大的选择效应,加速人类的主动进化。

纳米机器人成熟史

　　人类科学家已经找到很多种方法,比如凭借生化燃料、外加场源或生物能源等,让纳米机器人在人体内部运动起来。总之,智能化纳米机器人已经可以利用其可控性强、体积小、效率高的优势,在人体内四处巡查,发挥作用。

　　比如检测与诊断。因为可以在人体内部的狭小空间进行精细移动,所以纳米机器人完全可以在细胞水平上进行非侵入性检测。不但可以检测,而且可以成像。纳米机器人自带生物传感和成像的特性,所以可以对体内的疾病标志物分子进行检测,还可以进行动态监测。有的研究团队构建了很多种包被荧光染料的磁控纳米机器人,它们可以在外部磁场下移动。这些纳米机器人集群可以在异常部位富集,对应部位的荧光染料浓度就会很高,效果上相当于传统的细胞染色。只不过,纳米机器人集群的细胞毒性更低,也更加精细可控。还有的团队已经成功地让柔性磁控纳米机器人在软组织表面"行走、攀爬、穿越复杂的液体环境"。1959 年费曼教授的大胆想象,在现代纳米医学的进展方面反而显得有些保守了。

再比如运输药物。把治病救人的药物精准投放到目标区域,从来都是一个重大难题。传统的给药方式效率较低,一般最终到达目标区域的有效药物量不足 1%。现在,靶向性极强的纳米机器人可以大大提升有效药物的投送效率。比如,有团队设计了带有吸盘状零部件的气泡驱动型纳米机器人或微纳米机器人,这些机器人在实现更加高效的药物负载方面更有优势。当它们进入胃液后会产生氢气,自发运动,借助独特的吸盘结构附着在胃溃疡区域,然后释放药物,对胃溃疡的治疗便能达到前所未有的精准水平。

更有前途的是治疗肿瘤。在自然界中,很多具有趋向性的细菌天然就对肿瘤具有靶向性。实体瘤周围的缺氧环境以及肿瘤微环境中的分子信号,就是这些微生物的"指路灯"。我国已有研究团队利用工程菌的主动"导航"属性,做成了磁控的复合型生物纳米机器人。这种纳米机器人不但可以主动"导航",还可以自动对肿瘤微环境的信号进行解码,并在其指引下到达肿瘤附近;然后在交互磁场的帮助下,使肿瘤微环境的温度持续升高,并释放药物。这种基于纳米机器人的精准免疫治疗产生的血液毒性相较于传统的免疫药物产生的毒性大大降低。

再比如微创手术。截至目前,使用机械臂的手术机器人在国内外都得到了比较广泛的应用。比如著名的达芬奇机器人,它们可以在腹腔镜微创手术当中模拟主刀医师的技术,效果颇佳。纳米机器人可以在微纳米尺度下精准操控,甚至进行单细胞操控。已有研究团队构建了可以做视网膜手术的纳米机器人,还有研究团队构建了能够切除肿瘤细胞的纳米机器人。这方面的应用是最让人兴奋的!因为这些小机器人可以单独或者以集群的形式到达"坏细胞"附近,然后将一个原本只能使用生物和化学方法处理的问题,在物理层面精准、高效地解决。

顺便说一下,纳米机器人在牙科护理方面也取得了进展。比如,含有几百万个纳米机器人的口服悬浮液被患者含在嘴里时,可以释放这些纳米机器人,它们足够小,可以进入龈沟,然后穿过微米级的牙本质小管到达牙髓,超精准地释放药物。这种新兴技术给人类医学带来了从零到一的突破。

值得注意的是,这些令人兴奋的进展和前景都非常依赖于纳米机器人的精准性,即精准识别、精准导航和精准操控。而人工智能技术恰恰可以在精准性方面提供帮助。因此,包括纳米机器人在内的医学技术都绕不开与人工智能技术深度融合。

人工智能+纳米机器人：进化的"双利剑"

人工智能与纳米机器人融合，让一些人产生的最大幻想是人类也许可以生活在一个"没有疾病的时代"。

他们的理论依据是人工智能可以辅助纳米机器人做早期疾病检测，这种检测是在多个层面同时进行的，比如监测人体内部环境，第一时间发现危险的癌症、致命的感染或其他严重疾病的早期迹象，然后在细胞层面进行治疗。终极目标是纳米机器人可以直接参与编程基因突变或缺陷，治愈人类从自然进化中得来的遗传性疾病，让人类的身体和认知能力都获得增强。此外，纳米机器人还可以修复老化的器官，"更换"衰老的组织细胞，促进细胞再生。

他们还有一些临床试验依据。比如，美国约翰·霍普金斯大学的一项研究发现，搭载人工智能的纳米机器人在雪貂出现流感临床症状之前 10 天，就能检测到病毒的载量变化，并给出预警。再比如，还有研究团队正在开发可以监测血糖的人工智能纳米机器人，它们可以决定是否启动胰岛素的自动化输送。也有监测癌症的纳米机器人，它们在经过分子特征训练的人工智能的帮助下，可以根据肿瘤微环境的生化线索来引导治疗药物的控制与释放。

总之，这些人相信通过纳米机器人技术和人工智能的协同作用，可以让人类步入一个近乎科幻般的"人机结合"的未来,即不但强人工智能可以与人类结合共存,而且部署了强人工智能的纳米机器人也可以进入人体,并成为人体的重要组成部分。

然而,虽然纳米医学确实已经进入人类的生活,但由强人工智能驱动的纳米机器人还在临床试验阶段,而且还有诸多限制。

比如,搭载了人工智能的纳米机器人已经可以在实验室条件下,在一定的时间内在人类血液中安全地运行,但拥有稳定动力源的、纳米级的、能够长期运行的复杂纳米机器人设备尚未问世。再比如,纳米机器人投送药物的效率和细胞毒性要优于传统方式,但在生物相容性和安全性方面仍不够完美,仍然可能引起免疫反应,造成严重的健康后果。此外,还有一些技术之外的限制,比如说服健康人接受将纳米机器人植入血液系统,存在伦理和监管上的困难;部署了人工智能的纳米机器人仍然比较昂贵,不容易作为消费级医疗产品普及。一种保守的观点认为,人工智能与纳米技术深度融合、广泛应用可能还需要 10 年以上的时间。

利剑之上: 人工智能+新药研发

人工智能与纳米机器人融合可以让纳米机器人引导治疗药物的控制与释放,但最重要的是治疗药物是否有效。幸好人工智能还可以加速新药研发。

人工智能+新药研发目前是人类社会的大热门。

一款新药的研发,通常要经过五个环节。第一个是"药物发现和研究"阶段,包括新靶点的发现、先导化合物的发现和优化等;第二个是"临床前"阶段,包括体外安全性评估、药代动力学研究、药效学研究、毒代动力学研究和制剂开发等;第三个是"临床开发"阶段,包括I期、II期和III期临床试验的开展;第四个、第五个环节分别是"监管提交"及"上市和商业化"。这五个环节中,前面三个环节各有各的困难,其中前两个环节涉及海量的数据。一直以来,计算机都用于新药研发,称为"计算机辅助药物设计"。

但人工智能更进一步,可以从海量数据中挖掘疾病与靶标和药物的关联,并构建知识库,建立由数据驱动靶标发现和确认的新药研发新模式,称为"人工智能辅助药物设计"。一句话总结:人工智能深度参与新药研发的所有环节。

比如,中国和美国、加拿大、阿联酋的科学家为了寻找一款治疗特发性肺纤维化的小分子药物,与能够分析多种生物通路和数据的人工智能平台反复互动,筛选潜在的靶点。人工智能还可以根据选定的靶点预测、列举化合物的分子结构,而这些已知分子结构的化合物又可以被上传至平台进行"反向筛选",来验证是否可能用于治疗特发性肺纤维化。经过反复正向和反向筛选,中外科学家团队果然得到了一款潜在新药，研发速度远远快于传统的药物研发过程。

还有更神奇的应用。

《麻省理工学院技术评论》刊登了一个案例：一位患有白血病的老人经过六次化疗仍无明显疗效，且没有新的药物可用。在这种情况下，医生们希望帮助他找到一种可以精准针对他的疾病的抗癌药物。基于人工智能的新思路是，取这位老人身上的一小块组织样本，将分离得到的正常细胞和癌细胞分为一百多份，然后将这些细胞暴露于各种抗癌药物之下。通过人工智能视觉和自动化工具去分析这些细胞的细微变化，从而预测哪些抗癌药物在真正地发挥作用。这位老人很幸运，最终优先排序第二位的药物对他起效了。

正是因为有效，人工智能+新药研发正在吸引大量的全球投资，同时海量的生物和化学数据正在被投喂给一个个新的新药研发类大模型。相关公司已经可以使用大模型搜索数十亿种潜在的药物设计方案，这可能预示着未来 5~10 年，新药行业将发生天翻地覆的变化。连像英伟达这样专注于研发芯片的公司也在大笔投资人工智能+新药研发公司。准确地说，英伟达这种人工智能领域的龙头公司正在同时投资人工智能最可能爆发的领域：自动驾驶、数据处理、图像识别、语音交互，以及新药研发。在这方面，人工智能相较于人类的优势得到了最大限度的发挥：人类难以阅读数百万篇生物学论文，也难以运用传统生物信息学工具挖掘看似不相关的化合物之间的联系，但人工智能可以。

在人工智能真正释放巨大潜力之后,再联系前面提到的纳米机器人,人类终于距离健康和长寿的目标更近了一步:让人工智能驱动的纳米机器人随时监测人体健康状态,并根据微环境信号的变化来定向释放药物。这相当于人类自我延长寿命的第三个阶段。第一个阶段是保障营养和基本药物的供应,做好全社会的公共卫生保障,提供洁净的水源等。第二个阶段是生物医学技术的迅速发展,使得人们可以注射疫苗来防御病毒,通过新型药物和手术等手段治愈难治性疾病。而到了第三个阶段,正是纳米技术和人工智能技术联合突破人类生理器官局限的阶段。

在第三个阶段,"健康又长寿"的时代终将到来。

第6章 "似这般可得长生吗?"

> 祖师道:"我教你个'术'字门中之道,如何?"……悟空道:"似这般可得长生么?"祖师道:"不能! 不能!"悟空道:"不学! 不学!"
>
> 祖师又道:"教你'流'字门中之道,如何?"……悟空道:"似这般可得长生么?"祖师道:"若要长生,也似'壁里安柱'。"悟空道:"师父,我是个老实人,不晓得打市语。怎么谓之'壁里安柱'?"祖师道:"人家盖房,欲图坚固,将墙壁之间,立一顶柱,有日大厦将颓,他必朽矣。"悟空道:"据此说,也不长久。不学! 不学!"
>
> ——《西游记》第二回

　　人类对长寿永远存在渴望,但人类已经发现自然进化的"路径"并不通往普遍性的长寿。一旦意识到这一点,主动进化便拥有不可替代的诱惑力。

人寿几何?

21 世纪以来,大部分国家的人均预期寿命都在逐渐增加。

注意,这里说的是"人均预期寿命"而非"平均寿命"!这个概念是说在当前死亡率不发生改变的大前提下,当前出生的人口平均可以活到多少岁。平均寿命仅仅是在总寿命与总人口数量之间简单做一个除法。很多时候,社交媒体上关于人均预期寿命的争议就来自概念混淆。除此之外,还有人均健康预期寿命,它是说大家平均能活到的生活仍能自理的岁数。许多人过了 70 岁甚至更早,就会出现严重的机体失能,生活慢慢不能自理,需要人照顾。

显然,人均预期寿命相对更高。

截至 2023 年,中国人的人均预期寿命已经达到 78.6 岁,这是比较高的一个数字。而且,顶尖权威医学期刊给出的测算表明,中国人的人均预期寿命将在 2035 年达到 81.3 岁,其中中国女性可以达到 85.1 岁,中国男性可以达到 78.1 岁。另外,这是全国十几亿人的统计数据。如果单独看东部地区的统计数据,那么两组数据都会更高。比如,预计到 2035 年,北京女性、广东女性、浙江女性以及上海女性的人均预期寿命将超过 90 岁,与世界上在这方面表现最好的发达国家的数据不相上下。

但可惜的是,当前人均健康预期寿命仅为 68.7 岁。也就是说,虽然许多人活到了 90 多岁甚至 100 余岁,但大概率只能躺在床上或者坐在轮椅上,甚至平躺在医院的病床上庆祝自己年复一年的长寿生日。

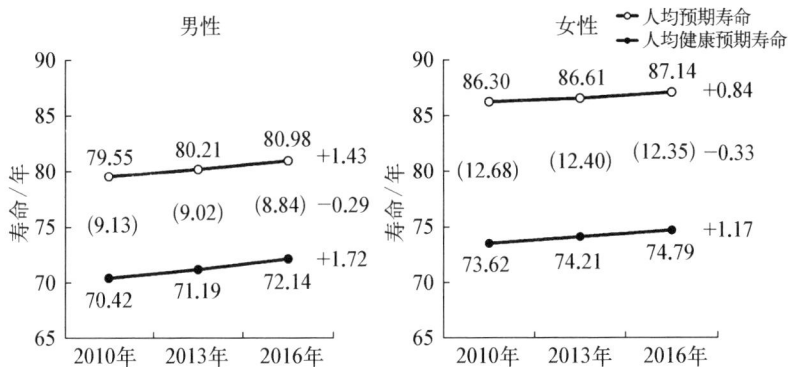

日本数据:不论男女,人均健康预期寿命都落后于人均预期寿命 10 年左右

图片来源:Tsuji I. Epidemiologic research on healthy life expectancy and proposal for its extension: a revised English version of Japanese in the Journal of the Japan Medical Association, 2019;148(9): 1781－4。

当前我们想要活到 100 岁并不是一件容易办到的事。即使在我国东部经济发达的大都市,譬如上海市,百岁老人的数量在以每年超过 10%的速度增加,但总数仍然不够多。比如,截至 2022 年重阳节,上海市共计有 3 689 位百岁老人,相当于每 10 万人中有 23.5 个百岁老寿星。其中,男女老寿星的数量相差太大,女性多达 2 735 人,但男性只有 954 人。2025 年 1 月 4 日,当时全球最长寿的老人、日本人糸冈富子（Tomiko Itooka）去世，享年 116 岁。2024 年 5 月，当时全球最长寿的老人、西班牙人玛丽亚·布兰亚斯·莫雷拉（Maria Branyas Morera）去世，享年 117 岁 168 天。再向前追溯，当时全球最长寿的老人、日本人田中加子（Kane Tanaka）于 2022 年去世，享年 119 岁。似乎 120 岁成了人类自然寿命的天花板。虽然一些国家，比如津巴布韦宣称有一名老人活到了 128 岁，但这些国家的数据并没有被广泛采纳。在上海市，截至 2022 年最长寿的人是居住在黄浦区的徐素珍女士，当时 115 岁。按照自然进化，人类的寿命似乎难以真正进入 120~125 岁的区间，并无限接近于 100% 不可能迈过这一区间，向 130 岁靠近。事实上，一个国际化大都市的百岁老人虽然多达三四千人，但真正超过 110 岁的屈指可数，基本上都落在 100~109 岁这个区间。因此可以说真正活过 110 岁的人类已经算是凤毛麟角了。

然而，未来人类所要达成的目标一定是真正越过 120~125 岁的限制，进而实现真正的"健康长寿"和"普遍长寿"。不管是"年不满百"，还是"百岁蹒跚"，抑或是"一半人长寿，另一半人没那么长寿"，未来的人类都"不要！不要！"，也"不学！不学！"

人工智能与年龄鉴定和寿命预测

长期以来，一些国家的户籍管理混乱，导致一些老人的年龄被胡乱填写,因此出现了所谓 133 岁到处演讲、跑来跑去的超级"寿星"。同样地,在一些偏远的国家和地区,身份管理制度尚未现代化,一些青少年儿童的真实年龄无从得知。在过去,这给社会生活带来了一定的混乱,比如当这样的"青少年"涉嫌违法犯罪时,如何根据其真实年龄来定罪量刑呢?

这个问题在很大程度上已经得到解决。

对青少年来说,可以通过骨龄鉴定来确定其真实年龄。因为人体不同部位的骨骼闭合有着对应的时间点,当全身的生长板都闭合时,人一般就不再长高。对一名法医来说,正是因为不同骨骼,甚至同一块骨骼的不同部位连接、闭合的时间点不尽相同,所以通过观察尸体骨骼的发育状况就可以推断死者的真实年龄。比如,一具尸体的肘关节部位骨骼发育完全,但肩膀部位骨骼还没有连接。根据骨关节部位一般在 16 岁发育完全,而肩膀部位在 20 岁发育完全,可推断死者年龄为 16~20 岁。再比如,锁骨是身体中最晚完成连接的骨骼,那些还没有完全发育的青少年的锁骨间有相当于一元硬币大小的小块骨还没有连接,到 25 岁才完全与锁骨连接,有的甚至晚到 30 岁才连接。如果尸体的肱骨上下两端都已连接,但锁骨还是分开的状态,那么从肱骨全部完成连接可知死者年满 20 岁,从锁骨还没连接可知应当小于 25 岁,因此可以推断死者的真实年龄为 20~25 岁。

许多仍然活着的刑事案件嫌疑人或受害人也需要做骨龄鉴定。

在一个案例中,一个人犯下了强奸罪,但他的父母坚称他只有 13 岁。骨龄鉴定结果显示他的真实年龄应当在 17~18 岁,因此应当被追究法律责任。在另一个发生于 2020 年的案例中,谢某、李某因为组织卖淫、敲诈勒索被抓。其中一名参与人员刘某是被抱养的小女孩,因此无人知晓案发时她到底多少岁。办案单位便委托专业的司法鉴定中心对其进行骨龄鉴定,结果显示刘某的真实年龄范围是 12.5~14.5 岁,因此推断案发时刘某是"未满 14 周岁的幼女"。这时,刘某只能按照"失足少年"予以批评教育处理,但谢某、李某的罪责因此加重了,分别被判处 18 年 6 个月和 11 年 6 个月有期徒刑。在第三个案例中,犯罪嫌疑人凡某流动作案,单独一人以及伙同他人盗窃了许多辆电动车和电动车电瓶。但凡某没有户籍,他就坚称自己不满 16 周岁。经过骨龄鉴定,凡某的真实年龄被确定在 17~19 岁,因此符合依法提起公诉的条件。就背景知识而言,我国早在 1992 年便有了鉴定青少年真实年龄的技术标准,即主要基于手腕骨发育的中国人手腕骨发育标准(CHN)法。再后来,又有了基于全身 24 个部位骨骼的鉴定技术规程。如此一来,那些不愿意透露真实姓名、真实年龄的犯罪嫌疑人便在技术面前"无处遁形"了。

成年人的生物学年龄也存在浮动性,想要准确鉴定并不容易。

人类在时间面前并不平等,不光最终的自然寿命可能存在巨大差异,而且可能"同龄不同岁"。因为人体存在一套表观遗传时钟(epigenetic clock),以及可以决定生物学年龄的生物时钟(biological clock)。我们在真实世界当中已经注意到,有的人特别显老,有的人特别显年轻。大家的日历年龄(即真实年龄)一致,都是 30 岁,但生物学年龄可能上下浮动好几岁。如果一个人的生活慢性压力较大、日子过得不开心、营养长期不良、睡眠也不充足,那么其生物学年龄大概率比日历年龄大一两岁甚至更多。

其中,重度抑郁症患者的表观遗传时钟一般"转"得更快,基因组总甲基化水平可能更高,生物学年龄可能比日历年龄大 10~15 岁。反之,没有长期慢性压力,以及在保障动物蛋白营养的基础上,植物蛋白吃得多、适量运动的人,其生物学年龄大概率比日历年龄小好几岁。在一项研究中,1 号参与者的日历年龄为 57 岁,但生物学年龄只有 46.32 岁。2 号参与者的日历年龄为 45 岁,但生物学年龄为 49.78 岁。

正是因为人类的衰老和加速衰老都与一些生物标志物有关,而这些生物标志物又与一个人的生命史有关,所以人工智能不但可以帮助人类对真实年龄进行鉴定,还可以从概率学的角度预测一个人的自然寿命。

这方面的研究已经取得进展。正如前文所说,当一个人长期处于慢性压力之下时,他的表观遗传时钟会加速,人也就老得飞快。基于同样的原理,美国东北大学的一个课题组开发了一种人工智能工具,它可以利用一个人具体的生活事件,诸如健康史、受教育水平、工作和年收入等来预测其死亡风险和死亡时间。研究人员用到了丹麦的一个涉及 600 万人的数据库,将这些数据投喂给一个基于 ChatGPT 的定制化大语言模型,其预测结果超越了当前最先进的预测模型。对人工智能来说,人漫长的一生可以被分解为一个个参数,这些参数在死亡概率预测模型里面具有不同的权重,当把这些死亡概率做成可视化的模型之后,人们可以看到自己的死亡概率图就像一个逐渐增大、增粗的圆柱体一样。

事实上,这类研究属于宏观的长寿医学研究。

在人工智能和生命医学技术手段的帮助下,人类开始探索关于衰老、长寿的深度生物标志物,并基于这些标志物为每位社会成员定制预防衰老、降低全因死亡风险的医学方案。2024 年,英国伦敦国王学院的一个课题组开发了一套由人工智能辅助的、基于血液代谢物数据的衰老时钟模型,其目的也是寄希望于在人工智能的帮助下准确预测一个人的代谢组学年龄,以便在生命出现加速衰老、健康状况突然下滑的早期阶段就介入干预。这样的研究都非常符合主动进化的精神,就是让主动权尽可能地掌握在人类自己手上,人类可以更加主动地追踪自己的健康状况,选择合适的时间点,提前干预自然进化的进程。

21 世纪人类寿命不可能大幅延长？

人类的自然寿命还能不能继续大幅增长？这是一个可以回答的科学问题。实际上从 19 世纪中叶以来，人类的人均预期寿命确实在持续增加。

人类世界在战争、瘟疫、偶发性大流行病的剧烈影响下，公共卫生和医学的巨大进步还是带来了正面的改变。平均算下来，人类的人均预期寿命在 20 世纪之前每 10 年可以增加 1 岁，在 20 世纪之后每 10 年平均增加 3 岁，特别是在 20 世纪下半叶的发达国家和地区。与此同时，人类步入老年以后的健康状况也得到了大幅度改善。王安石有首诗，后两句较出名："今夜扁舟来诀汝，死生从此各西东"。意思是，他划着小船来到女儿的墓地，极度伤感地说他要离开此地了，以后应该都不会回来，今夜一别恐怕就是永别了。给读者的感受，以为王安石大概此时已经垂垂老矣。但请看前两句："行年三十已衰翁，满眼忧伤只自知"。再对照中华书局出版的《王安石年谱长编》第一册，原来这一年是公元 1050 年（皇祐二年），这一年王安石才 29 岁。

现代人不但自然寿命得到了显著延长，机体失能的时间也大大延迟。有一种说法：每当人类通过公共卫生和医学技术的进步提高了自然寿命，往往也显著延缓了衰老，对机体失能有了更多的治疗或恢复措施，因此一般不太会三四十岁便一副"衰翁"的样子。也因此，学界就人类自然寿命是否会持续增长有两派观点。

一派认为，考虑到医学和生物学技术的持续进步，人类的自然寿命会"可持续地"增加。也就是说，这派人相信人类的人均预期寿命将持续增加，虽然截至 2025 年，大多数国家的人均预期寿命不到 90 岁，但未来的新生儿很快就能活到 100 岁。这是一种非常乐观的立场和看法。

另一派认为，人类的预期寿命不会持续增加，且很可能很快进入停滞期。一项研究针对这两种观点或预测进行检验，将 8 个人均寿命最长的国家（澳大利亚、法国、意大利、日本、韩国、西班牙、瑞典、瑞士）和中国香港地区的数据纳入研究，结果发现第二种观点可能是正确的，即未来数十年不太会出现大部分新生儿都能活到 100 岁的情况。分析表明，这些长寿国家和地区的女性能够活过 100 岁的概率不太可能超过 15%，男性能够活过 100 岁的概率不太可能超过 5%。这些都是很小的数值，当下这些数值更低：女性能够活到 100 岁的概率仍然是个位数，男性则更低。因此，人类在自然进化的框架下将很难"普遍地"活到 100 岁，甚至一半的人能活到 100 岁都将是永远不可能达成的目标。

新共识:自然进化难以提供长寿方案

自然进化并不"关心"物种的寿命。

这一见解比较容易理解。只要我们想一想,按照自然进化的"算法",最终能够胜出的方案是尽可能地把基因传给下一代的那种。也因此,有学者强调一定要认识到是"适者生存",而不是"老者生存"。总之,光靠自然进化难以把在老年时期才发挥负面作用的致癌基因或生理机制淘汰掉。

这对地球上的大多数物种来说并不重要。因为对除了人类以外的几乎所有物种来说,最大的死亡风险并不是晚年罹患癌症、神经退行性变性疾病(如阿尔茨海默病等),而是几乎无处不在的被捕食与细菌感染的风险。在这种情况下,稳妥的进化方案是"尽可能多地进食、尽快地繁殖"。因此,大多数物种的雌性在其后代被其他雄性成员杀死之后,依然可以快速与其进入下一个繁殖期。这在人类的道德观念里,难以想象——一个女性可以轻易地跟杀死自己孩子的男性快速繁育下一代吗? 但北美棕熊、西伯利亚虎以及非洲草原上的狮子都可以。

同样地,在核辐射超标的地区,狼群、野马依然可以正常地繁衍生息,它们都没有像人类世界那样的照顾年老个体的"道德文化"。

人类难以想象在充满核辐射的环境中繁衍下一代，但是动物可以。当前，德国对核电抱有极大的迟疑与不信任，这是因为即使发生在"遥远的地方"的核事故也会让人们产生恐惧心理。比如，1979 年发生的美国三哩岛核事故，1986 年发生的苏联切尔诺贝利核事故，2011年发生的日本福岛核事故，这些都让许多德国人要求淘汰核电。人类因为有记忆，所以到了冬天还有"玫瑰"；但也正是因为有记忆，核事故的阴影才在人们的心上经久不散。

近年来，中国科学家通过分析从青藏高原冰川提取的冰芯，发现切尔诺贝利核事故后，包含放射性元素（如铯-137）的物质随着西北环流及降雪，大量沉降到冰川表面。2017 年，分析在海拔 6 150 米的青藏高原冰川钻取的长达 55.29 米的冰芯发现：其 β 活度测试结果出现了 5 个峰值，其中与我们现代人类最相关的一个出现在 2.52～3.07 米，对应的年代是 2003—2006 年，代表的应该是 2004 年日本美滨核电站蒸汽泄漏事件，以及 2005 年英国塞拉菲尔德核电站大量放射性物质释放到大气中的事件。另一个相关峰值出现在 8.73～9.20米，对应的年代是 1968—1971 年，代表的是 1968 年美国轰炸机携带的核武器破裂，造成核污染物大量飘散的事件。瞧，地球的"第三极"忠实地记录了人类世界发生的重大事故，其存在提醒着人们核安全的重要性，以及关乎未来的巨大不确定性。

然而，这些所谓的"不确定性"在绝大多数时候都不会导致灾难性的结果,其发生的概率在统计学上微不足道。只是,人类经由自然进化发育来的大脑很难恰如其分地处理这些小概率事件,反而可能对其分配较高的注意力权重,从而影响自己的生活安排。这在现代社会也是常见的。

再比如,从动物应对"不确定性"的进化方案中,人类已经发现:"尽可能多地进食、尽快地繁殖"可能会导致自然寿命缩短,因为热量摄入过多可能与患癌风险增加相关,而患癌风险的增加又与自然寿命缩短存在因果关系。反过来,人类还发现,限制能量摄入可能延长寿命。

这方面的研究非常之多。比如,限制线虫、小鼠、果蝇进食,可以较为容易地检测到这些物种的体内启动了多种与自噬相关的信号通路,其结果反而是延长了寿命。而且,人类还发现限制热量摄入可能同时延缓了衰老。这都是在自然进化的"算法"框架下找规律、做文章。截至目前,研究人员较为相信限制进食、间歇性进食或者控制进食时间,很有可能降低患代谢性疾病的风险,从而延长人类的自然寿命。

在进行这些研究的过程中,人类逐渐意识到了自然进化"算法"的先天不足:一是自然进化并不"关心"物种的寿命,并不以活得更久作为胜出的选择标准;二是现代人类的生活习惯容易导致患代谢性疾病的风险上升,凭借自然进化的免疫系统又无法抵消这些风险。

比如,人类在石器时代常常面临物质和能量的匮乏与短缺,因此身体演化出了高效转运与储存脂肪的机制。然而,现代社会的物质和能量供应是严重过剩的,这就导致大量的脂肪堆积在内脏等部位,那些储存脂肪的细胞又与机体存在复杂的信号交流,最终导致多种代谢性疾病患病风险大幅上升。缓慢的自然进化机制,无法让人类的代谢系统得到升级。作为应对,人类可以通过减肥类药物来控制脂肪的转运和储存,但当前负有盛名的减肥类药物司美格鲁肽也可能带来副作用,比如增加患胆囊疾病的风险。

即使人类通过自然进化获得了更加高效的代谢系统,通过治愈癌症大幅降低了患病致死的风险,仍无法大幅地延年益寿。因为人类在自然进化下可以活得更加健康,却未必可以活得更加长久。要想真正地突破自然寿命上限,比如活到 200 岁或 300 岁,需要使人体生物学特性彻底改变。

长寿新方案调查报告

长寿很可能与基因有关,但人类在寻找"长寿基因"方面进展并不顺利。

2019 年,美国罗切斯特大学的一个课题组再次提出基因 *Sirtuin 6*（*SIRT6*）可能是"长寿基因",因为这个基因可以招募更多修复 DNA

断裂的功能酶。这不是第一次找到所谓"长寿基因"，也不是第一次把 *SIRT* 家族的某个基因视为"长寿基因"。只是这一次，研究人员把一个自然寿命更长的物种的 *SIRT6* 基因转入自然寿命更短的物种体内，确实观察到了后者寿命的延长。2024 年，中国科学家还发现了 *OSER1* 基因可能也是候选的"长寿基因"，把家蚕的 *OSER1* 基因敲除后，它们的寿命会大幅缩短。此外，候选"长寿基因"还有很多，比如 *FOXO* 基因、*APOE* 基因、*PIK3R1* 基因、*CREBBP* 基因、*HELLS* 基因、*FOXM1* 基因等。总之，这种寻找"长寿基因"的思路值得继续探索下去，人类当前已经拥有将基因"写入"或"抹除"的技术手段。多个课题组在研究地球上自然寿命更长的物种，比如弓头鲸的 *SIRT6* 基因，这个物种可以轻松活到 200 多岁。如果可以，未来人类将有勇敢者愿意将弓头鲸的基因横向转移到自己体内，以尝试实现寿命增加 50%、80% 甚至 150% 的目的。

但错误的"长寿方案"可能适得其反，人类正在总结教训。

比如，2024 年 6 月 1 日起，所谓"不老药"NMN（即 β - 烟酰胺单核苷酸）的销售受到严格限制，因为更多的研究发现，这种药物不但不会延长寿命，还可能适得其反。早在 2019 年就有研究发现，β - 烟酰胺单核苷酸可能会促进肿瘤细胞的生长和转移。

这让我们想到中国历代皇帝服用丹药的故事。历代皇帝都听说过前代皇帝死于丹药中毒的故事，但到了自己身上仍然可能管不住嘴。

　　比如康熙帝和雍正帝。康熙帝对一切具有潜在药物价值的事物都抱有兴趣,但一旦认为其无效便马上兴趣全无。1706 年,康熙帝委托"中间人"赫世亨咨询洋医生"宝忠义",所谓"绰科拉"到底能治什么病。因为康熙帝吃了"绰科拉",但是感到发苦。"绰科拉"就是巧克力制品(chocolate)。赫世亨询问之后立即报告康熙帝,说"绰科拉"不是药,原料有"噶高"(cocoa)等。洋医生"宝忠义"热情地赞美了"绰科拉"的保健价值,诸如:"老者、胃虚者、腹有寒气者、泻肚者、胃结食者,均应饮用,助胃消食,大有裨益;内热发烧者、劳病者、气喘者、痔疮流血者、下痢血水者、泻血者,概不可饮用"。康熙帝仍然认为其无效,不让再送了。同样地,雍正帝不但未建立科学的检验精神,反而对丹药愈加迷恋,并热衷于将丹药赐给近臣,一起分享。他还劝近臣田文镜吃丹药要大胆,别迟疑。

　　然而,现在我们已经知道大量的以矿物质为主要成分的丹药都含有一种或多种重金属。比如朱砂、雄黄、雌黄、砒霜、红砒石、白砒石、红升丹、白降丹等,所含重金属以汞、砷为主,长期过量使用会引起汞蓄积,严重危及健康。

　　2024 年,中国科学家文少卿课题组利用他们在陕西咸阳渭城区取到的北周武帝宇文邕、皇后阿史那氏等人的骨头样品,进行了祖源分析,发现宇文邕 60% 的血统来自古代黑龙江流域的农业人群,40%

来自黄河流域的农业人群;更有意思的是,他们还发现宇文邕的股骨头里含有大量的砷。考虑到股骨头可以保留 10 年以上的代谢情况,因此推测宇文邕的饮食长期被砷污染,最合理的来源就是丹药。历史上记载,意气风发的宇文邕正准备攻打突厥时,却"疠气内蒸身疮外发"而死,回顾性分析认为这些症状(严重的局部皮肤病、骨髓坏死等)可能正是重金属中毒所致。

人工智能可以帮助人类实现延长寿命的宏愿。

一种路径是人工智能可以提前检测出衰老的早期迹象,从而让人类有充足的时间来采取有针对性的干预措施。正如前面所提到的,中国科学家已经在构建基于人工智能的"衰老时钟"方面取得进展。2024 年,一篇由 126 位作者共同撰写的论文总结了"衰老研究和药物发现会议"(ARDD)上提出的所有旨在延长人类寿命的技术、路径和方法。其中提及,其他人工智能辅助人类延长寿命的技术和进展还包括辅助抗衰老药物设计,人工智能可能比人类更好地发现大量的抗衰老候选化合物,比如针对高血压、亨廷顿病以及癌症的临床前活性化合物。有了人工智能的辅助,人类在自然衰老的所有环节——DNA 复制错误、细胞哀老、线粒体功能障碍、T 细胞衰竭、营养感应失调、蛋白质稳态丧失、表观遗传改变——都多了一双"慧眼"!如此一来,人类在人工智能的辅助下快速地主动进化,采用一切手段延长自己物种的寿命,就与自然衰老的进程形成了一种竞赛:主动进化与自然进化的竞赛。还记得关于人类自然寿命是否会持续增长的大辩论吗？一派认为人类寿命将有巨大的增长空间,而另一派认为人类寿命的增长将很快到达上限,并且无论公共卫生、医学或人工智能如何发展都不太可能取得突破。

截至目前,第二派人的观点暂时占上风,但一旦人类与人工智能在抗衰老与延长寿命方面取得突破,第一派人的观点就可能更值得重视。

最乐观的科学家已经预测了人类与人工智能协同进化以延长寿命的时间点,比如戴维·伍德(David Wood)等人预测人类实现"长寿逃逸速度"的时间点在 2040 年左右。所谓"长寿逃逸速度"是指科技手段延长人类寿命的速度超过了人类自然衰老的速度。最简单的数学公式是:你的日历年龄增加 1 岁,但寿命却增加了 2 年。哈佛大学的分子遗传学、基因编辑与器官培养专家乔治·彻奇(George Church)教授更加乐观,他预测"长寿逃逸速度"将大约在 2037 年实现。这些人类将"衰老"与"死亡"视为一种可以治愈的疾病,"人们仍然不明白衰老是一种可以治愈的疾病,而且我们将在 20 年内治愈它"。通过治愈这种顽疾,人类将迎来"死亡之死"(death of death)。

无论采用哪种方案,一旦实现了自然寿命的极大延长,人类社会就将迎来巨大的改变。在此之前,人类的身体和心灵将发生质的变化,"人类将变成另一种人,更好、更聪明、更长寿、更快乐的人"。

第7章　三百万年躯体进化，
##　　　　准备更大的跃迁!

今时今日,在地球不同的亚群中,人类仍然在以不同的方式进化着。我们这个物种很可能在未来的数千年甚至数百年内经历非常快速的进化! 虽然我们尚不十分清楚未来的选择压力是什么样的,但伟大的变化正在发生。

——英国巴斯大学古生物学家、进化生物学家

尼克·朗里奇(Nick Longrich)

人类仍然在进化。这是可以明确的一件事,只是过去是在自然进化的"路径"上缓慢地演化,其方向具有很大的不确定性以及多元性,主要取决于人类所处的地理与文化环境。也因此,到了21世纪第三个十年,已经步入人工智能时代的人类与仍然处于原始丛林采集社会的人类可以共存,一类在亚马孙丛林的外面,另一类在亚马孙丛林的里面。进入主动进化的时代之后,人类正在掌握更大的主动权,

111

并且可以决定进化的"路径"和方向,人工智能可以加速主动进化。自然进化会因为文化演变而有所加速,主动进化更会因为人工智能而大大加速,从而使得人类的身体与社会都发生更大的跃迁。

进化与文化

人类不是从猴子进化而来的。

目前,已经有大量的科普读物与专业论文可以告诉我们这一点。而且,人类的祖先也不是猴子。相较而言,人类的灵长类近亲是黑猩猩、倭黑猩猩等。这些灵长类物种与人类一样,也都拥有不同先进程度的群居社会文化,诸如亲子文化、狩猎文化甚至战争文化。任何一个在非洲国家公园长期观察黑猩猩或倭黑猩猩社群的科学家都可以向我们讲述极其复杂的灵长类物种社群发展史。

我们很有必要厘清:什么是"文化"?

"文化"不是一个形容词,而是有着较为明确的概念、内涵与边界的名词。在人类学的理论框架里,每一种社会文化都具有一定的社会功能,这些社会功能是为满足这个社会的特定需求而存在、传承及演化的。如果某种社会文化有助于族群繁衍生息,那么它就会通过基因-文化协同演化的方式保留下来,并可能扩散成为主流文化。值得注意的是,就像进化对延长物种的寿命不感兴趣一样,灵长类物种的社会文化也不只是为了起装饰作用而存在的,其目的是促进基因的传承与发展。因此,许多灵长类物种的社会文化都包含着暴力因素(比如黑猩猩),甚至乱伦因素(比如倭黑猩猩)。最极端的情况是,黑猩猩还有"杀婴文化",其社会功能是促使雌性黑猩猩快速进入发情期。

2024 年,一辈子研究黑猩猩社群的灵长类动物行为学家弗朗斯·德瓦尔(Frans de Waal)先生去世,享年 75 岁,他最重要的代表作就是著名的《黑猩猩的政治》。我国出版社反复引进这本书,给它更换漂亮的封面,向中国人讲述遥远的非洲黑猩猩社群的经典故事。德瓦尔最大的学术贡献是揭示了一个现在看来十分朴素的道理:不能再把黑猩猩关在笼子里研究,而应该在自然环境中观察、记录它们复杂的社会生活,并通过定量数据、行为实验和统计学方法进行分析。

也因此,他的同行们现在趴在非洲国家公园的树后面,去观察、记录黑猩猩或倭黑猩猩的狩猎、分肉与其他互动行为,还给它们分别取名、编号。有时候,单次观察就长达几个小时。比如,2024 年的一项研究发现,黑猩猩的"战争行为"也体现出人类兵法的特点。非常有意思!

这篇外国人写的英文论文开篇引用了《孙子兵法》中的一句话:"凡处军相敌,绝山依谷,视生处高。"意思是,打仗的时候要先隐藏起米,等待时机;其间还要在制高点处进行侦察,利用高地的广阔视野,纵观敌情和战场局势。科学家发现,科特迪瓦的塔伊国家公园的黑猩猩就是这么干的。通常,这些黑猩猩的族群有 30~40 名成员,它们日常会指派 3~4 名成员沿着自己社群的地盘边界巡逻,以提防敌人来犯。这 3~4 名"巡逻队员"会爬到边界处的制高点,居高临下地观察潜在敌人的有无、距离、数量,并以此决定下一步行动的距离、方向等。

另一个团队的研究告诉我们:塔伊国家公园的黑猩猩社群各自拥有自己的地盘和边界,它们在边界处互相渗透、相互提防,并都试图扩大领地,侵吞对方的地盘,得陇望蜀。也因此,黑猩猩社群为了抢地盘、保护地盘,每年都会主动发起或被动参与"战争"。德瓦尔等人的研究就在告诉我们:人类的灵长类近亲不但身体在缓慢进化,连社群文化也在进化,甚至还与人类的战争文化具有高度的相似性。

虽然我们不能夸大这些相似性,但灵长类近亲的复杂社会生活告诉我们:除了人类之外,地球上的许多生命也在遵循着自然进化的"算法",并受所处地理环境等因素的影响,行走在属于自己的进化"路径"之上。

再比如学习文化。

以往人们认为黑猩猩只会在一旁看其他成员使用工具,但对刚果阿鲁格三角地区的黑猩猩社群的研究发现,它们还会传递工具

（transfer tools）。黑猩猩母亲也会帮幼崽加工工具,然后教它使用。在一个视频中,我们可以亲眼看见小黑猩猩彼此之间抢夺工具,被抢走的一方朝黑猩猩母亲"喊叫",于是母亲又做了一个掘食白蚁的工具给它。这就是典型的传递工具行为。然而,生活在坦桑尼亚地区的另一个黑猩猩群体却很少表现出相互传递工具的分享性行为或文化。这表明同样是黑猩猩,不同的社群拥有很不一样的社会学习文化。

黑猩猩使用木棍作为工具进行探测、钻孔、挖、铲等操作,以获取埋藏在地下的食物
图片来源：Motes-Rodrigo A, Majlesi P, Piokoring T R, et al. Chimpanzee extractive foraging with excavating tools: experimental modeling of the origins of human technology。

当然,黑猩猩的社会学习文化具有明显的界限。

人类学习的脑生物学本质是工具思维形成并巩固的过程,就是说,人类一旦掌握了工具—功能—效果的传递链条,就可以灵活地加以运用,并继续学习,但其他物种尚做不到。比如,聪明的您打造了一把木剑,然后发现木剑能够划破手指的关键在于剑刃,而锋利的剑刃才是工具功能化的核心要素,那么您就懂了:把金属的边缘也打磨得锋利,就可以得到具有更佳功能与效果的切割工具。恭喜!您发明了手术用的柳叶刀。相较于其他物种,人类在这方面可能拥有全世界最优秀的学习能力。有一位妈妈说,她两岁半的孩子突然无师自通地学会了使用玩具挖掘机的挖斗把炒花生砸开。她坐在沙发上边看边想:黑猩猩当初就是这么学会使用石头砸开坚果的吧!然而,黑猩猩基本上只会使用石头砸食物,虽然有些地区的黑猩猩还会把石头打磨成粗糙的石器,但也就如此了。而人类却可以在长大以后不断地推陈出新,只因为他们从根本上掌握了工具—功能—效果的传递链条。

目前,最先进的人工智能大模型,如 DeepSeek,已经不是简单地记忆人类的知识,而是可以"学习"其中的工具性思维,然后从中总结因果关系,并在别处灵活地挪用。人类的大脑与"机器脑"之间的进化比赛已经开始了!过去,人类要在与记忆相关的任务上求助于机器,比如检索想要的答案和信息。现在,人类已经在文化创意、逻辑运算、前瞻性研判方面求助于人工智能大模型,绘制商业海报、进行图像分析、预测天气。未来,人类可能要更广泛地依赖机器的帮助。反过来,机器可能逐渐涌现出人类的情感与自由意志。

届时,机器可能进化出不完全等同于人脑,却又超过动物脑的"机器脑"。在它们面前,人类可能反而笨拙得像金丝猴一般。

万物仍在进化

与人类、黑猩猩和倭黑猩猩一样,猴子的社群文化、身体、免疫系统都仍在缓慢地进化着。

中国社交媒体上一直流传着一个笑话:自由自在的猴子们不要再进化了,因为再进化下去就要像人类一样上班了!然而,这个笑话在进化生物学的评价标准下是错误的,因为虽然猴子仍然在不断地进化着,但猴子再怎么进化也变不成人类。要知道,进化可不单单是从一个物种进化成另一个物种,或者从一个亚种进化成一个新亚种。进化可能在基因库层面发生,比如长高的基因变异在基因库里扩大,从而使得整个种群都进化得更加高大了;也可能是与智力相关的基因变异扩大,从而使得种群的平均智商显著提升;还有可能是与消化系统或者免疫系统相关的功能性基因变异扩大,比如让更多的人类可以消化动物乳蛋白。知道狗是怎么进化而来的吗?学界共识度较高的一个解释是,有一群狼在人类的定居点附近游荡,大胆地以人类抛给它们的食物残渣为食,然后在与人类相处的过程中被驯化。还有研究表明,人类主动与狼分享一些难以消化的动物蛋白或骨头的行为可能也促进了早期驯化。非常确定的是,现在狗的基因组与狼的基因组存在着大量差异,尤其是与淀粉酶相关的基因,狗的淀粉酶基因表达更活跃、拷贝数也更大,使得狗消化淀粉类食物的能力是狼的 5 倍。

猴子进化的证据之一也与消化系统和免疫系统相关。

比如,东南亚国家的研究团队发现,几种食蟹猴的免疫系统已经显著进化。其中,菲律宾食蟹猴、毛里求斯食蟹猴已经拥有可以更好地抵抗猴免疫缺陷病毒(SIV)(类似于人类免疫缺陷病毒,即 HIV)感染的能力,因为它们拥有表达水平更高的与免疫功能相关的 $MHC-B$ 家族基因。相比之下,马来西亚食蟹猴和印度尼西亚食蟹猴的抗感染能力明显更弱。整个族群的抗 SIV 感染的能力显著增强,这就是最实在的进化。

人类当然也可以通过这种方式进化。

人类已经拥有可以自我修饰基因组的工具,比如基因编辑技术。过去两年,在全世界范围内发生了多起急于推动人类进化的基因编辑操作事件。那些自负的科研人员违背科技伦理道德和规范,偷偷地使用基因编辑工具修改胎儿的基因组,希望让其从娘胎里就具备抗 HIV 感染的能力。然而,这些人全都失败了,学界放逐了他们,但他们仍在高尔夫俱乐部等富人云集的地方试图募资,并在商业大楼里面开设新实验室。人类世界永远有技术激进分子。

可以预见,人类利用基因编辑工具来改写自身的基因组要从治疗遗传性疾病开始。目前,尽管人类遗传性疾病的生物学机制十分复杂,但人类确实已经知晓大约 5 000 种疾病主要是由单基因缺陷造成的,比如囊性纤维化、亨廷顿病、进行性假肥大性肌营养不良和镰状细胞贫血等,这些疾病影响了数以亿计的人。

既然主要是由单基因缺陷造成的,那么理论上使用基因编辑技术进行修复是完全可行的。只是负责任的科学家不敢贸然行动,因为当前的基因编辑技术尚无法实现令人满意的准确度和精确度,这两项指标将影响基因编辑人类细胞的临床应用进程。所谓基因编辑的准确度,就是要控制脱靶基因变化的比例。简单来说,一枪打过去可能误中其他基因。所谓基因编辑的精确度,就是要能够保证打中靶心的比例。当前,最优秀的基因编辑团队正在开发各种各样新颖的、旨在同时提升准确度和精确度的基因编辑方法,比如上海交通大学的团队正在开发不涉及双链 DNA 切割的新型 CRISPR - Cas9 基因组编辑技术。

合理推测,至少对某些单基因缺陷的遗传疾病而言,对应的治疗性基因编辑临床应用有可能在未来 5~10 年内成为现实。

目前,没有任何研究团队发表过涉及基因编辑胚胎继续妊娠的研究,这是严重违反当下人类世界科学伦理的事情,虽然这种事件已经发生过至少一次。对于生殖细胞的基因编辑,人类会慎之又慎,因为这将意味着人类可以通过自己的手编辑、创造新的人类生命。必须指出的是,南非于 2024 年底突然更新了官方健康研究伦理指南,其中居然增加了关于"可遗传"的人类基因组编辑的部分。这让一部分人感到惊奇,因为南非可能成为地球上第一个允许编辑人类生殖细胞并进行公开研究的国家;同时也让一部分人感到忧虑,因为就在本书撰稿之时,世界卫生组织(WHO)和多个国际性科研机构正在起草关于基因编辑临床应用伦理的相关文件。人类总觉得,一定要先达成最大限度的共识才能规范颠覆性新兴技术的发展,才能负责任地让这些技术为增进人类福祉,而非单纯为满足少数狂热的技术激进分子的个人野心服务。

天地万物的进化"算法"

我们正在迎来主动进化的新时代,但这并不等于自然进化的所有秘密已经为人类所掌握。事实上,自然进化依然有着大量的"金矿"可供挖掘使用。

比如自然进化抵抗寒冷的秘密。地球上的生命都需要具备抵抗寒冷的生理机制,所以自然进化出了各种各样的抗冷"算法"。植物如此,动物也如此。

　　比如南极冰鱼,它们的血液是亮白色的,而非血红色。通常,脊椎动物都有红细胞,红细胞含有血红蛋白和负责携带氧气的血红素,因此绝大部分物种的血液是红色的。如果人类的红细胞数量不足,就会出现贫血。然而,在极寒环境中,红细胞太多会导致血液黏性增加,亦即红细胞比容越大,黏性增加得就越多。那么,怎么既保证氧气供应又不大幅增加血液黏性呢?南极冰鱼通过自然进化找到了一个颇为"极端的"方案:不要红细胞了! 通常,人类的红细胞比容大约是45%,而大部分南极鱼类的红细胞比容只有 15%~18%,南极冰鱼则完全没有红细胞,它们的血管里装的是 1%的白细胞+99%的冰水。不止于此,南极冰鱼的另一种含血红素的携氧蛋白,即肌红蛋白也严重退化了。那么,南极冰鱼怎么获取氧气呢? 原来,氧气在冷水中的溶解度比在温水中高很多,所以南极的酷寒海水含氧量非常高,于是冰鱼进化出了无鳞片包裹的外皮和粗大的毛细血管,心脏也比其近亲如南极鳕鱼和新西兰黑鳕鱼更大,这样它们就能直接从海水里"吸取"氧气! 这不得不说是一种极端而有效的自然进化方案。

　　有意思的是,热带和亚热带的鱼也有抗寒的需求。

　　比如尼罗罗非鱼。因为一年当中的水温并不是一成不变的,尼罗罗非鱼能很好地适应温水,但对寒冷天气敏感,一旦遇到突发的极端寒冷天气就会因严重应激而大量死亡。养殖这种鱼的人们知道：一般水温下降到 20 摄氏度以下时，尼罗罗非鱼就会减少进食、减少游动的时间和范围，因为它们感到寒冷了；水温下降到 16 摄氏度左右时，尼罗罗非鱼一般就完全停止摄入饲料；再降到 12 摄氏度或更低时，尼罗罗非鱼会"冷"得失去方向感，大量在水底仰卧，失去反应，死亡率大幅上升。尼罗罗非鱼怎么应对寒冷呢？它们的自然进化方案并不复杂，与地球上的大多数植物和动物一样：激活抗冻基因，合成抗冻蛋白（AFP）。很多植物和动物体内都可以合成抗冻蛋白，这些蛋白最大的功能就是抑制血液里冰晶的形成和生长。简单来说，这些通过自然进化获得的抗冻蛋白就像"防冻剂"一样。

冰冷的不光是海水，还有高海拔地区的冷空气。在青藏高原地区，人类和生物如何抵抗寒冷呢？

现在我们已经知道，长期在海拔 4 500 米以上生活的藏区居民，其血液中的血红蛋白浓度相对较低，这与南极鱼类降低自己的血红蛋白浓度一样，都是为了降低血液黏性。作为代偿，这些居民呼出的一氧化氮（NO）会相对较多，它可以起到舒张作用，使得肺部和全身的血管扩张，从而增加氧气通透量。实现以上生理过程的基因已经被找到，就是 *EGLN1* 基因和 *PPARA* 基因，它们还可以对呼出的一氧化氮进行钝化调节，防止其升高过快而带来不适反应。普通人初次登上青藏高原可能发生严重的高原反应，就跟低氧环境下血红蛋白增多、血液变黏稠，以及一氧化氮没有较好的钝化调节机制而无法"温和地上升"有关系。

2018 年，中国科学家李家堂团队发现，西藏地区的温泉蛇也具有类似的适应高原低氧和寒冷环境的演化机制。通常，地球上的蛇类都生活在低海拔的热带或亚热带地区，高原的寒冷环境是不适合蛇类繁衍生息的。但是，温泉蛇是一类例外。温泉蛇包括西藏温泉蛇、四川温泉蛇和香格里拉温泉蛇，其中西藏温泉蛇的抗冻机制尤为精妙，它们在青藏高原经历了漫长的高原隆起与冰河期的剧烈气候变化，居然没有离开青藏高原，也没有就此灭绝，而是通过"改造"自身的抗冻机制而活了下来。

西藏温泉蛇抵抗高海拔冷空气的办法与南极鱼类抵抗冰冷海水的方法类似，都是降低血液中血红蛋白的浓度，这就是典型的趋同进化。

极端环境大大加速了自然进化，但不同的物种"走"出了不同的自然进化"路径"，最后殊途同归，都是通过降低血红蛋白浓度来降低寒冷环境下的血液黏性。对西藏温泉蛇来说，关键基因是 *EPAS1* 基因。我们全面审视自然进化的这一杰作会发现，西藏温泉蛇适应高海拔、低氧、寒冷的环境，并不只靠一种自然进化的"算法"，而是整体性进化，在摄取氧气、保持体温、检测外界热源信号（比如温泉）等方面都进化了，从而成为一种全方位不同于热带、亚热带同类的新型物种。类似的物种还有牦牛、驯鹿、戈壁熊等。

牦牛生活在高海拔的极寒地带,兰州大学、中国科学院昆明动物研究所的科学家通过分析牦牛的基因组发现,牦牛不但能够适应高海拔地区的寒冷,而且拥有在"苦寒之地"寻找食物和充分利用食物的进化"算法",即其基因组上至少有 5 个涉及能量吸收和代谢效率的基因(*CAMK2B*、*GCNT3*、*HSD17B12*、*WHSC1* 和 *GLUL*)发生了适应性演化,分别涉及糖类、脂类和氨基酸的代谢通路。总之,牦牛把自己调到了"全链条高效能量吸收机器"的挡位!

驯鹿生活在会出现极昼与极夜的极北环境中,西北工业大学生态与环境保护研究中心的科学家发现,驯鹿的基因组也发生了大量的适应性进化,从而把自身调节到了一个适应极北生境的"进化复合体"状态。比如,驯鹿生物节律的核心基因发生变异,从而可以更好地适应极昼和极夜环境;又比如,驯鹿的维生素 D 代谢通路的 2 个关键基因发生变异,从而可以更好地适应光照环境;再比如,驯鹿的嗅觉相关基因发生变异,从而可以更好地寻找冰原上的地衣等食物。

戈壁熊呢?它们生活在地面植被较少的戈壁滩上。重点是,这种熊基本上还是"素食主义者",主要的食物是戈壁滩上的浆果、草芽、野葱,如果遇到蚱蜢、蝗虫之类的昆虫也会吃,但它们几乎不会捕猎大型哺乳动物。作为蒙古国的"大熊猫",戈壁熊沿着自然进化的"路径",艰难地适应着戈壁滩的荒漠环境。由于无法获取稳定的食物供应,因此戈壁熊一般都很瘦小,它们的爪子一般也磨损得很严重,因为它们得在戈壁滩上不断地挖取草根果腹。人类已经在暗中保护它们。蒙古国每年在春季和秋季会投放食物,以帮助戈壁熊妊娠和冬眠。有意思的是,近年来屡屡发现戈壁熊跑过中蒙边境线,进入我国新疆境内,比如伊吾县,当地的林草生态维护得较好,已经具备戈壁熊的栖息条件。牛羊逐水草而居,戈壁熊也"逐林草而居"。

总之,不管是南极冰鱼、尼罗罗非鱼、西藏温泉蛇、牦牛、驯鹿还是戈壁熊,抑或是其他物种,动物的自然进化都是无意识的,是极端环境塑造了它们;过去人类的自然进化也是无意识的,并受到地理-文化环境的双重约束和牵引,但现在以及今后,人类可以主动地选择栖息环境,并有意识地改造自身,以适应新的如月球、火星等最极端的新环境。这就是主动进化。

人类能量代谢"算法"堪忧

一旦实现全方位的主动进化,一种人类与另一种人类在耐力、抗胁迫、爆发力方面将产生组间显著差异,从而在适应力方面表现出巨大差距。

比如,一个在我国社交媒体上流传的视频显示,在高海拔的营地,几名当地的藏族小姑娘在跳绳,并热情邀请平原地区来的游客一起跳,游客一边拒绝一边大口吸氧。再比如,在另一条视频中,香港来的游客攀登哈巴雪山,她们在向导的牵引下艰难向上爬。注意,这里的"牵引"和"爬"表达的是字面意思,她们真的因为体力耗尽而只能借助向导的绳子,被牵引着向顶峰爬去。在同样的环境下,一种人类拥有相较于另一种人类的巨大生存优势。

必须说,人类的身体经过了自然进化的不断"锻造",综合身体素质值得骄傲。比如,人类能量代谢的"算法"比许多物种都要出色。

要知道,地球上的所有生物都在能量严重受到约束的条件下生存,因此要妥善地权衡在生长和繁殖等方面的能量分配。所以你就理解了,当外界遭遇干旱、洪涝或者任何一种环境胁迫的时候,植物很可能提前开花——即使本身长得很弱小,但也赶在能量耗尽之前开花,把种子播撒出去。

这就是进化的"算法":平衡生长与繁殖,且后者的权重级别更高。

明确了这一现实和规律,人类科学家很容易发现人类的"平衡算法"要更加出色。比如,非人类灵长类物种的总代谢率与其他哺乳动物的是类似的,没有过高或者过低;但是人类不同,人类已经进化出异常高的静息代谢率和总代谢率。

所谓静息代谢率,就是维持人体在安静状态下基本生理功能所需要消耗的能量。静息代谢率越高,身体维持最基本的生理功能诸如呼吸循环、血液循环以及体温调节所需能量越多。这对其他动物来说不是好事，但对人类来说无比重要。动物严格地量入为出，在能量生产与能量消耗之间取得平衡，但人类还多出来一项"再生产"，就是人类会分配很大一部分能量用于支持脑的生理活动，这是人脑可以持续进化的物质能量基础。

黑猩猩的脑容量也较大，寿命相对也较长，但它们的进化"算法"不是十分出色，需要以减少体力活动为代价来维持基础代谢。美国哈佛大学古人类学家丹尼尔·利伯曼（Daniel Lieberman）说："虽然黑猩猩拥有较大的脑容量、昂贵的繁殖策略和较长的寿命，但它们却整天花大量时间在吃东西上！"相较而言，人类却在维持高代谢率的情况下，仍然可以进行大量体力活动。

这一点很了不起，因为高代谢率意味着散热增加，如果再进行大量的体力活动，体温调节系统将出现"故障"，进而危及生命安全。人类则不同，独特的汗腺结构使得我们在剧烈运动的同时还可以维持内稳态的平衡。想想看，这种新型的自然进化"平衡算法"对于狩猎-采集-渔猎时代的人类多么重要！这可以让人类完成更加复杂的远距离狩猎、制造工具和社会合作等任务。

至此，你很容易猜测到现代代谢性疾病患病率增加的原因所在：人类的能量摄入大大增加了，但体力活动却大大减少了，这一增一减可能超过了自然进化"算法"的负荷。对狩猎-采集-渔猎时代的人类

来说,这套"算法"十分优越;对农耕文明的人类来说也是如此,因为
过去的农民无法使用机械工具进行劳作,平均算下来体力活动水平
反而要超过狩猎-采集-渔猎时代的人类。而且,在旧社会,食物获取
与社会等级、权力息息相关。普罗大众的食物和能量来源不但不稳
定,而且不够多元,人们常常因为战争、内乱、压迫或其他不可控因素
而长期营养不足,"面有菜色"。在很长的历史时期内,即使较为富裕
的社会阶层也无法自由地选择食物。

但对工业社会的大多数人来说,这套"算法"有着明显的不足。

工业社会的人的饮食不再是"盛宴"与"饥荒"之间的频繁切换。
在过去,人们常常饥一顿、饱一顿,所以当食物丰盛的时候,比如刚捕
猎到一头大型哺乳动物时,就大吃特吃,身体可以把多余的膳食能量
转化为体脂,以便在饥荒到来时提供生存优势。如今我们的饮食已
经是全天候的"盛宴"模式,通常只要一个人愿意,他就可以获取到过
去人类无法想象的充足的碳水化合物、蛋白质与脂肪。这时,过去适
应"盛宴"与"饥荒"时代的自然进化"算法"会从有利转变为有弊,从
而导致肥胖和糖尿病等一系列代谢性疾病。即使如此,总有一部分
人仍然能够在这种新时代下保持体脂健康,比如那些天生就偏瘦但
是十分健康的人。中国科学院深圳先进技术研究院能量代谢与生殖
研究中心的科学家研究发现,一部分体形偏瘦的被试的体重指数
(BMI)处于健康的区间,他们每天的总能量消耗较对照组(正常体重

组）要低 12%，身体活动水平每天也低 23.3%，但静息代谢率却高 2.5%。换句话说，这些体形偏瘦的健康人更容易吃饱，运动量更小，只是静息代谢率相对更高，如此一来可以保证健康的身材。大多数人都不是如此。我们晚上多吃几顿夜宵，睡前稍稍放纵一下，体重秤上的数字就会很快示警。

在自然进化的"算法"出现明显不足的情况下，自身不愿意放弃"盛宴"饮食模式的人只能主动地寻找解决方案，比如通过外部药物来"改写"自身的能量代谢机制，从而逃避不断发福，进而"百病丛生"的命运。

人类改写自身命运进行时

2023 年，人类世界突然刮起"减肥药王"的旋风，而且经久不息，医学界和产业界不断跟进、加码。这种减肥药就是早在十余年前就为人类所知的胰高血糖素样肽 - 1（GLP - 1）受体激动剂。简单来说，GLP - 1 受体激动剂就是一种肠促胰岛素类药物，它最大的生理功能是以依赖血糖浓度的方式大大地促进胰岛 β 细胞分泌胰岛素，大家所熟知的司美格鲁肽就是 GLP - 1 类药物。GLP - 1 类药物对于减肥的意义在于，可以快速地降低血糖，增加饱腹感，改善胰岛素抵抗。简单来说，就是可以让人体快速地减重。早在 2011 年，加拿大政府就批准过一种 GLP - 1 类药物,当时它是作为治疗糖尿病的药物使用的,没想到它还可以用于减重。

截至 2025 年春季,大量的研究都表明 GLP - 1 类药物具有很好的减重效果,比如一项研究发现,那些 BMI≥30 的超重者每周用一次药,在使用 36 个月之后平均可以减去 17% 的体重;对严重超重者来说,最多可以减掉 20%~25% 的体重。虽然 GLP - 1 类药物可能具有一定的副作用,比如患胆结石的风险可能上升,但人类还是对这种可以"改写"自身代谢机制的药物十分痴迷。

因为,一些实验研究发现 GLP - 1 类药物除了控制血糖和体重之外,似乎还能降低慢性代谢疾病的并发症,比如心脏病、脂肪肝、肾脏疾病等的患病风险。也因此,与 GLP - 1 类药物相关的生物学进展被顶尖权威科学期刊《科学》杂志评为 2023 年度突破,这凸显了 GLP - 1 类药物不断扩大的临床影响力,以及基础科学发现对不断改善人类健康的巨大潜力。

人类之所以对 GLP - 1 类药物如此痴迷,根本原因在于人类可以根据自身的需求,在一定程度上定制自己的"身体机器",而不用等待极其漫长的自然进化过程。而且,不同于以往治疗疾病,人类可以在疾病发生之前就采取手段,从而大大降低发病风险。这种主动进化的思维将给人类的生活带来巨大的改变,比如,在很大程度上修正人与人之间的"基因不平等"。

众所周知，人类在同一风险因素面前的易感性并不一致，可能相差 2~3 个数量级。比如，同样是饮用酒精饮料，有的人很容易因为毛细血管显著扩张而"上脸"；而毛细血管的变化与基因 *ALDH2* 变异有关，饮酒容易上脸的人体内的乙醇脱氢酶或乙醛脱氢酶功能与对照组存在明显差异，这就导致醛类致癌物在这些人体内更容易积蓄，造成毛细血管扩张而红脸。显然，因为醛类致癌物的积蓄性显著不同，所以同样是饮酒，不同组的患癌风险也会存在明显差异。假如是一边抽烟一边饮酒，那么携带 *ALDH2* 变异基因的人群患口腔癌的风险将上升大约 189 倍！这就是"易感基因"所造成的"基因不平等"，即同样的生活方式却可能带来不同的风险。但是这些"基因不平等"既可以通过严格的生活方式进行干预，抵消影响，也可以通过主动进化的方式予以抵消。

对全体人类来说，这也是人类通过主动进化的"路径"来赢得身体控制权的伟大过程。只有当人类越来越多地赢得相较于自然进化"算法"的身体控制权时，才可以从头设计自己的躯体，包括但不限于能量代谢"算法"；还可以在此基础之上，重新塑造自己与他人的社会关系，从而迎来 个崭新的未来社会。

第二篇

重塑身-心-灵

　　主动进化意味着一个过程，而非真正的目标。当人类利用基因编辑、人工智能等辅助主动进化的工具，重塑身体和心灵之后，会发现人与人、人与世界、人与机器的连接和互动都将发生质的变化。因此，在本篇中您将看到对以下内容的探讨：人与世界的连接方式将如何重塑，人与人的共同经验分享机制将如何迭代，以及人与机器的结合将如何加速塑造未来。

　　在此过程中，人类必将尝试掌握主动权，因此需要对强人工智能进行前瞻性监管。人类与人工智能无处不在的竞赛仍将伴随着主动进化的全过程！

第8章 "连接"人体内外

生物集成智能传感系统(BISS)是一种多功能设备,可植入、可连接、可像手表一样佩戴,旨在使用各种材料和方法感知和分析生理信号。

——中国科学院上海微系统与信息技术研究所的研究论文

在主动进化的"路径"上,人类将实现以下三个目标:史无前例地让机器与自身建立连接,史无前例地让其他社会成员与自身建立连接,史无前例地让宇宙万物以及无生命体的环境与自身建立连接。

不断进化的"连接"能力

我们已经知道,所有的进化都沿着一定的"路径"不断迭代升级。当实现了更高级的进化时,人类自身将全方位地与以往不同,人类与内部世界、外部世界的"连接"能力也将显著不同。比如,人类与世界的"连接"方式将发生质的改变,人类可以接收到的环境信号以及利用这些信号所完成的功能都将大大升级。这些是传统的自然进化可能永远都实现不了的。

这里所谓的"连接"能力,可以简单理解为一种构建世界与改造世界的能力。比如,植物可以感应外界的重力信号、化学信号以及生物胁迫信号,然后将其转换为可以在体内传输的生物化学信号;动物则可以把外界环境信号转换为神经电信号等。通过感应与转换,生命建立了与外界环境的"连接"。无论是植物、动物还是人类,都在自然进化的过程中具备了这样的能力。

先以植物为例。

植物没有神经系统、眼睛、腿或嘴巴。虽然意大利等国多名植物学家一直认定万物有灵,认定植物也具有类似于动物神经系统的内在"器官与系统",因此致力于研究信号在植物体内的传导与转导。然而,他们的学术努力更像是采用一种替代性视角去研究植物生物学。就广泛的科学共识而言,植物是没有上述器官和系统的。

但植物依然可以与生态环境进行一种"连接"。植物可以感知外界丰富的刺激信号,诸如机械力刺激、公路噪声刺激以及温度、湿度等信号变化,并可以转导、传导这些信号,然后基于植物激素极性分布,调控极性生长,从而调整生命状态。比如向重力性生长。早在 19 世纪末期,英国多位学者就注意到植物具有极性生长的特点。人们都知道达尔文是一位伟大的生物学家,主要学术贡献在进化论方面,但实际上达尔文一生都没有闲着,他在晚年曾和他的儿子一起研究植物极性运动的秘密。这对父子发现,之所以植物的根可以保持竖直向下生长、地面上的茎可以保持竖直向上生长,就在于植物存在一种感应、传导与转导地球重力的生理机制。

用现代学术的眼光回头看,达尔文父子在那个年代的工作实际上就是成功捕捉到了植物与外界环境"连接"的特点。虽然他们找不出植物通过哪些具体的生理生化方式来"连接"地球重力场,但他们的出色工作启迪了后世学者去不断地破译这些"连接"机制。

比较而言,动物和人类"连接"世界的方式比植物更高级。

动物和人类都拥有发达的视觉系统,可以通过光信号的转导来"连接"这个世界,一旦有效"连接"就可以在头脑中将世界进行建模,而且充满细节。但继续进行组内比较的话,动物通过视觉系统"连接"世界的效率与功效依然比不过人类。动物的感知系统更加容易被外界环境欺骗,甚至植物的伪装就可以把动物骗得"团团转"。比如,地球上有很多植物会散发恶臭,它们开出的大花还往往呈现恐怖的血红色或紫褐色,巨魔芋、大花草都是这样。这是因为它们要吸引腐食类昆虫前来授粉,为了迷惑昆虫们"连接"世界的感知系统,它们进化出了一整套迷惑机制。比如,它们会合成并释放二甲基二硫、二甲基三硫来模仿尸臭味,还会把叶片变成尸斑色或尸绿色,以模仿尸体在不同腐烂阶段的色彩。人类就不同了,即使存在错觉,人脑也可以很快调整过来,重新对现实世界进行建构、润色和深度加工。

当然,也有极个别的物种在"连接"与"复制"世界方面远远优于人类。

比如章鱼和乌贼。它们可以快速地将自己的皮肤颜色调整为环境的颜色,这种能力迄今为止都没有被人类全部破解,更遑论复制。北京大学的梁希同教授早年在德国马普脑科学研究所做章鱼、乌贼的变色机制研究,他的课题组甚至搭建了专门的玻璃缸以及快速切换色彩的电动化装置,用来破译章鱼和乌贼的"进化绝招"。他的工作成果显示,乌贼通过其视觉系统的不断反馈迭代而随时变色甚至改变皮肤表面质地的能力,归功于一种"分布式控制算法"。换言之,头足类动物通过"算法"的进化获得了令人类目眩神迷、啧啧称奇的"超能力"。

但即使如此,人类"连接"世界的方式之优秀,不在于利用一套信号机制来建模世界,而在于不断地迭代自己的神经系统"算法"。

比如,一群来自南方的游客在冬季前往黑龙江省哈尔滨市体验冰雪经济,在冰雪大世界游玩,在滑雪道上冲刺,在长长的点缀着彩灯的中央大街徘徊、拍照,他们说深受触动,这辈子来了一趟满是冰雪和人情的地方,余生都会回忆。人类之所以容易在旅行中形成新鲜记忆,跟人类可以通过多套机制与世界建立"连接"有关。神经生理学告诉我们，当我们的身体处于大范围的充满新鲜感的物理空间中时，脑的大尺度神经功能网络会被强烈激活。我们不是简单地通过视觉、听觉，从影像、文字或声音中接收信息，而是调动了全身的感觉器官来处理如此丰富多彩的环境信号。

当一个人第一次到达东北时，触觉器官就在帮助他从那凛冽的冷空气中迅速建立对这个新鲜世界的"连接"。然后，伴随着像潮水一样一波又一波涌来的新鲜刺激，负责情感与记忆的蓝斑核（LC）脑区会被强烈激活，刺激多巴胺分泌。结果是，大脑更加容易形成持久的长时记忆，而且连带那个时间点前后的事件都一起被编码记住。简单来说，就像打下了余生回忆的检索节点或里程碑。

再比如，当人类失去大部分的视觉，不幸成为视障人士时，也可能感知到天亮。有一句话叫作"即便没有光也能走向前方"，说的就是这个意思。这是因为盲人仍然具有表达视黑蛋白（melanopsin）的细胞，它们不同于负责可见视觉的视杆细胞和视锥细胞。正是因为视黑蛋白可以传递"光暗"信息给生物钟中枢，维持昼夜节律，所以视障人士也几乎可以像正常人一样在天亮的时候"自然醒"。

算法加持下的"连接"增强

当前，人类正致力于在人工智能的辅助之下不断增强自身"连接"世界的能力。比如,让人类的大脑在人工智能的辅助下以更高级的方式处理视觉信号。反过来,更强的人工智能也可以通过借鉴人脑处理视觉信号的方式来掌握更复杂的空间推理能力。

在目前的全球顶尖科学家当中,著名华人人工智能学者李飞飞教授是这方面研究的翘楚。2023 年,她入选了《时代》周刊(*Time*)杂志评选的全球"人工智能 100 人"。她发表于 2024 年的一项研究告诉我们,人工智能大模型正在通过学习获得像人类一样的视觉空间智能(visual-spatial intelligence)。意思是,大模型可以通过不连续的视觉观察来记住空间以及空间中不同物体、人物之间的距离和位置。

李飞飞教授主导的这项研究是一个范例,可以很好地说明人类和人工智能大模型是怎么彼此学习的。人类擅长空间思维,但是不太擅长或一般不进行空间推理,而人工智能大模型擅长推理却缺乏空间思维能力。通过相互学习,人脑与"机器脑"相互配合乃至融合,这就是一种人机结合。

人工智能必须全面赶超人脑的复杂功能,才有可能成为未来人类身体的一部分,为人类提供可替代性。比如,只有同时擅长空间思维与空间推理的人工智能大模型才能够支持真正的机器义眼,让不幸失去眼球的人、视障人士以及未来的"超人类"也能拥有功能完善的"连接"世界的视觉系统。

当前的所有替代性视觉"连接"方案都不理想。

比如,本书前文提及的义眼与全眼移植的"替代性方案"。人类使用义眼的历史非常悠久,很早就可以给失去眼球的人制作一只或两只漂亮的假眼球。目前,植入义眼的手术和方案也很成熟,一般是先进行眼球内容物剜除手术,再植入义眼台。而且,还可以通过手绘把假眼球做得极其逼真。比如,给严重青光眼患者做联合手术,义眼跟真的一样,整形效果好。最近几年,3D 打印的假眼球正在流行,比传统手工义眼更便宜、更逼真,虹膜和巩膜视觉效果更佳。然而,这些义眼毕竟徒有其形,并不具备接收光信号以重建视觉,"连接"世界的功能。

我们反复强调:移植一颗真正的人类眼球,手术难度极高。为了做人类史上第一例全眼移植手术,医生们提前在捐赠遗体上练习了15 次。术后,移植的眼球成功重建了血管连接,其视网膜对光信号产生了光电反应。但可惜的是,人类尚无法重建视神经层面的连接。

人类暂时能做的,仍然是保护好自己以及孩子们的眼睛。

一切与光照有关。一个经典的视觉形成过程如下:先是瞳孔扩张或收缩,以控制进入眼睛的光线的量,其次透明的角膜和晶状体使光线发生弯曲,光线随后在视网膜的敏感性神经细胞上聚焦,最后视网膜上的视杆细胞和视锥细胞发挥作用,把光信号转换成电脉冲信号,传播到视觉皮层,形成视觉。

如果光线的量不足,不但会导致视觉不清晰,久而久之还会导致近视。实验室里,科学家通过缝合眼睛或者使用磨砂护目镜以阻止或减少光线进入动物眼睛来诱发近视。还有一种诱发动物近视的办法是把透镜放在动物(如鸡、恒河猴)的眼睛上,使图像在它们的视网膜后面聚焦;此时为了补偿失焦距离,使画面变得清晰,动物的眼轴就会变长,从而导致近视。所以,为了预防近视必须保障充足的光照强度。德国图宾根大学的研究人员早就发现,暴露在阳光(30 000 勒克斯)和非常明亮的人造光(15 000 勒克斯)下都能成功防止前述实验中的动物患上近视。

在现实生活中,很多城市(如上海市)的治理者就科学地鼓励家长们保障孩子们每天晒太阳的时间。这与多巴胺有关。研究告诉我们:经常在户外活动的孩子,他们的眼睛接收的光线强度较高,从而能够促进视网膜部位合成和释放多巴胺,抵消让眼轴变长的化学信号,抑制眼轴过快增长而导致近视。

当然,过犹不及。有的人习惯于开灯睡觉,这可能增加罹患心血管疾病及糖尿病等代谢性疾病的风险。人类的身体既需要适当地保持与世界"连接",又需要适时地断开一部分"连接"。

比如,一般月光的亮度只有 0.1~0.3 勒克斯,可以促进我们的睡眠。但在中等强度光照(100 勒克斯)下睡眠,我们的心率和心脏负荷都会显著增加,从而使身体处在一种过度警戒的状态中,交感神经过度激活,第二天胰岛素抵抗可能显著增加。瞧,建立"连接"与断开

"连接"都很重要!

人类是超级"信号收集器"

我们所说的断开"连接"只能是暂时地断开一部分。人类的身体是一个超级"信号收集器",即使在睡眠中也在不断地收集环境中的光信号、声音信号等。

也因此,开着灯睡觉在健康的层面上不是一个好习惯,戴着耳机听歌睡觉也不是很健康的睡眠习惯。人体在睡着之后仍然可以接收到这些声音信号,其中轻度的影响是声音信号中的信息会被整合到我们的梦境当中,大脑会对这些信息进行很离谱的二度加工、理解,从而制造出奇奇怪怪的幻梦。就本质而言,梦境是一种对内外刺激的整合。

比如,一个人在白日下午会见了一位客户,被她耳朵上硕大的珍珠耳环所吸引,心中思忖着珍珠耳环的价格。夜来入梦,这个人就可能梦见十几年没见的老朋友,然后发现她大大的金耳钉闪耀着夺目的光芒,他在梦里面暗想:"看来老朋友日子过得真不错!"这里您可能会问,为什么白天看见的是珍珠耳环,到了梦里就变成金耳钉了呢?原来,梦境不会100%还原外部感官的输入,总是在整合的基础上进行融合内部信号的发挥。正因为如此,近年来多个研究团队在探索"睡梦疗法",其中一种是在被试睡眠过程中释放香薰。因为人类的身体在睡眠中仍然可以感知到气味,而嗅觉又可以引起情绪体验,所以人工添加的芳香气味就可以通过嗅觉系统影响边缘系统,从而改变对情绪状态的加工。美国麻省理工学院(MIT)的 Fluid Interfaces 小组就开发了一种芳香气味睡眠疗法,他们让被试携带穿戴式设备入睡;当系统通过跟踪肌张力、心率和皮肤电导识别出被试在做噩梦时,就会自动释放预设气味,从而让梦中人的情绪平缓下来。此外,人体在睡着以后受到强烈的机械力刺激还会产生严重影响,即声音信号产生的振动会对心脏增加机械力负荷,久而久之导致患抑郁症或心血管疾病的风险上升。因此,一般不建议卧室临街,特别是不要靠近车水马龙的交通主干道,以便让超级"信号收集器"尽量得到休息。

总之,人体这个超级"信号收集器"的强大之处在于其不受个人意志控制,不管是在睡眠的时候,还是在无意当中都可以执行收集各种信号的功能。

再想象一下,您闭着眼睛把手插进口袋里,摸到一枚硬硬的硬币,这时您手指上的感受器已经在工作了,它们告诉您这枚硬币的质地、硬度、温度以及它边缘的光滑程度等信息。目前,世界上优秀的人造皮肤研究团队都在尽力模仿人手这种强大的信号收集功能,但距离自然进化的"杰作"仍然有不小的距离。

科学家们发现,人类的皮肤有两套触觉系统。

第一套系统包含 A 类纤维,可以让我们快速感受硬币的边缘、投币进机器时的碰撞、摩擦和轻微的振动等,也能让我们开车时通过方向盘快速感应到车轮下的路况,还能让我们快速感应温度。第二套系统包含 C 类纤维,这种纤维感受器让我们感受到的是动物皮毛的毛茸茸感、恋人皮肤的光滑感等。有意思的是,第一套系统负责收集信息,以约 402 千米/小时的速度传递到大脑,而第二套系统负责感受氛围,以约 3 千米/小时的速度传递给您。实验表明,以 3~10 厘米/秒的速度被抚摸前臂和大腿时,被试感觉最愉悦,这个速度就是激活 C 类纤维最有效的速度,有人称之为"爱抚速度"。这种自动启动的感受刺激、收集信号,然后引起情绪反应的系统非常有用。

在漫长的进化过程中,人与人之间的皮肤接触和抚摸可以传递社交信息。

婴幼儿需要爱抚,以接收正面信息,恋人也需要爱抚,以强化信任和感情联系。有意思的是,即使看到别人被爱抚,自己也会起鸡皮疙瘩,所以电影中恋人的指尖在对方光滑的后背游走时,最让观众受不了。正是因为自然进化的"工程秘密"尚未被人类全部掌握,所以工程物理学和仿生学的进化还赶不上自然进化,我们距离实现真正的主动进化还有很长的路要走。

即使如此,人类已经知道正确的进化方向:至关重要的是我们仍然希望将身体作为"信号收集器",但它应该更多地受到主体意志的控制,也就是想要它建立"连接"的时候可以建立"连接",想要它断开的时候可以断开。人工智能,比如具有深度思考功能的 DeepSeek,之于主动进化的意义,在于提供了一系列强大的、可拓展的辅助认知框架。

人形机器人

具有更强思考和推理能力的人工智能,正在被优先添加或部署到人形机器人中。未来的人形机器人将在很大程度上像真正的人类,比如表面覆盖着可以进行新陈代谢的人造皮肤,内部部署着拥有机器意识的"机器脑"。

人类对辨别"同类"有着严苛的标准,一切引起人类恐慌、戒备、怀疑的事物,都会被自然进化的大脑编码为"怪物",即使它们出自人类之手。

"恐怖谷效应"告诉我们,人类对表面上像人的事物尤其心存戒备,甚至会激活恐惧的情绪。也因此,当前人形机器人的推广遇到了一些难题,相比之下非人形的机器人反而会被冠以"可爱""呆萌"的标签。一旦机器人的电子语音、面孔特别像人类,人类便很可能产生一种毛骨悚然的感觉。过去几十年,已经有一些技术上不太成熟的人形机器人面世,中国科学家也研制出了一些曾经在大众媒体引起轰动的人形机器人,有一个以中国古代女子的形象示人。然而,这些人形机器人的"机器"成分更多,"人"的元素较少。比如,传统人形机器人的眼睛仍显得十分木讷,皮肤也是冰凉凉的,行动迟缓,整体像是会动的蜡像。在这种情况下,人形机器人越是做得逼真似蜡像,越可能引起观者内心深处的恐慌,这对人形机器人进入家庭,成为普适性的家居机器人十分不利。

让部署了人工智能算法的人形机器人走进人类的日常生活,在人类与庞大的机器产品之间建立更加广泛的连接,率先实现"人网互联",从而实现人类脑力的增强,是未来人形机器人公司的重要目标。但在短时间内,人形机器人公司致力于让人形机器人替代人类从事某些工作或增强人类的体力,比如在大型商超、汽车制造车间、医院后勤系统等从事一些简单的体力工作。

世界主要科技大国与强国都在布局人形机器人产业。

其中美国、中国等国在这方面走在了最前端。众所周知,埃隆·马斯克拥有一家名为"特斯拉"的公司,目前业务以制造电动汽车为主。然而,马斯克曾经公开在财务会议上向特斯拉的投资人表示:未来的特斯拉应当是一家机器人公司。马斯克是美国产业界的代表,他致力于将部署了人工智能算法的载体从实验室带向人类工厂,然后是人类家庭,未来还可能带到月球基地或火星家园。在中国,北京市、上海市、杭州市都非常重视人形机器人产业链的构建。比如,北京市已建立起一个人形机器人产业园,庞大的机器人产业集群在快速发展。甚至一个大型人类商超模拟园区已经在运行,其中有人形机器人在模仿人类工作。在上海,人形机器人产业也在迅速发展,一些初创公司正在致力于量产其人形机器人产品。杭州市政府也致力于打造国际领先的人形机器人产业集群,由宇树科技推出的 Unitree H1人形机器人也在中央电视台 2025 蛇年春晚亮相,表演了《秧 BOT》节目。一群穿着花棉袄的机器人在现场扭起了秧歌,机器人们还会变换队形、舞动身体,多角度转手绢,火爆出圈。杭州市走的是"最优本体+最强大脑"的技术路线,就是要把最先进的人工智能部署到最先进的人形机器人上,使得人形机器人能够快速走进更多应用场景,融入人类生活。对作为国际化科技创新中心的大都市来说,人形机器人产业是城市的一张亮丽名片。

就连接世界的广度与深度而言,人形机器人由于可搭载最强的人工智能芯片,因此在常规信号的收集、分析及整合方面远胜于人类,可以成为人类优秀的家庭助手和工作伙伴。

比如,在收集与检测光学信号、声波信号甚至一些化学信号方面,人形机器人都有独特功能,可以帮助人类构建充满想象力的未来。再比如,人形机器人可以最大限度地模仿人类的灵活性,并且可以更好地适配许多工作场景和生活场景。英伟达的一份材料指出,人类生活的物理世界毕竟是由人类为人类建造的,所以人形机器人在以人为中心的环境中只需最少的调整就可以高效运作。

虽然人形机器人当前的发展较快,但仍有不能让人满意之处:人形机器人尚未拥有类似于人类的情绪系统及共情能力。一些研究团队正在增强人形机器人准确检测人类情绪的功能,这是人形机器人在情感上为人类所接受的重要基础之一。

目前,人工智能在辨别人类的情绪方面具有困难。

一些研究报告了实验室的结果:经过大量数据投喂训练的算法可以检测出人类伪造的笑脸和虚假的表情。比如,相较于假哭,假笑较为容易辨别。因为发笑所带动的面部肌肉变化研究者已经较为熟知,人类发自内心的笑容一般会伴随眼轮匝肌的剧烈收缩,但是假笑时一般不会。人工智能算法在实验室的环境下,基本可以辨别真笑和假笑,但正确率仍然有限。经过漫长的自然进化,人类为了适应群居性的社交生活,已经演化出精细的表情伪装与情绪伪装能力。所以这又将是一场机器智能与自然智能之间的较量:人工智能要在伪装与反伪装的竞赛中赢过自然进化。

在这场竞赛中,人工智能还是有一些优势的。

比如,人类在过去的几十年建立了一些检测谎言、伪装情绪的测谎体系,并发展出多种旨在检测异常生理指标的技术手段,比如监测心率、检测皮肤电信号变化等,这些都可以被整合到人工智能的算法当中。此外,人工智能在对人类进行微表情和微行为分析方面也具有优势。已经有一些人工智能产品可以预测人类的下一步行为。总之,人工智能演化的方向是由内而外地识别人类情绪系统的变化,这种识别在未来甚至可以深入到神经功能脑区。比如,一个人要是主动地充满感恩之情,内心对施恩者拥有真实的感激,他的前扣带回皮质脑区以及内侧前额叶皮质脑区会被强烈激活,多条涉及多巴胺分泌的神经回路活动会增强,他体内的 5 -羟色胺(血清素)、多巴胺、催产素等可以增强幸福感的激素水平都会大幅上升,与压力有关的皮质醇含量则会显著下降。以上就是"内心激动而充盈"的生理反应。相反,如果他是被动感恩,是被胁迫地、在高度紧张之下"感恩戴德",那么他的生理反应截然不同,体内皮质醇含量会增高,而脑中激活的是岛叶等与恶心、厌恶情绪相关的脑区。显然,人类对"主动感恩"和"被动感恩"的辨别能力有限,因为人类在这方面伪装的能力经历了与生存高度相关的选择压力作用而得到了提升。

但对融合了多种检测手段和算法的人工智能来说,由内而外地识别这类伴随明显生理反应的情绪反而更加容易。

破解自然进化"算法"的下一步

自然进化让人类具有了非凡的情绪系统,它为人类的思想、活动以及主体意志提供了催化剂、动力源和活动背景。

我们已经知道,植物的运动也高度依赖于体内的激素,其中最重要的是生长素,它不但能够决定植物的生长反应,还能够调控植物的开花、结果、地上部分茎的向重力性以及地下部分根系的建成;还有赤霉素、细胞分裂素、脱落酸、乙烯、独脚金内酯、水杨酸、油菜素内酯、茉莉酸等,它们共同调节植物的生老病死,帮助植物面对干旱、洪涝、病虫害以及微重力环境的变化。

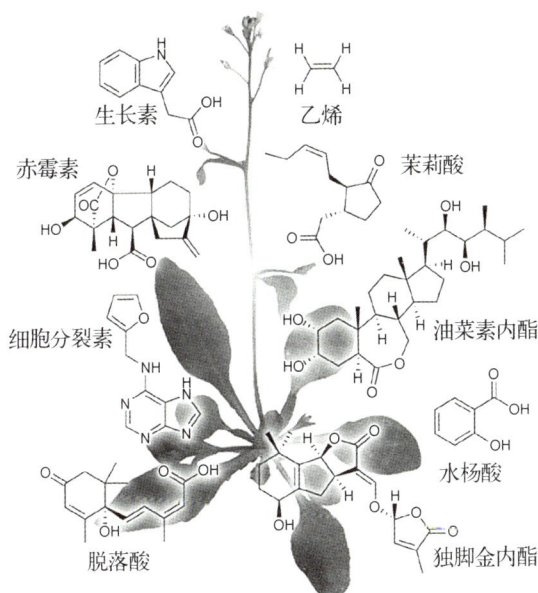

植物激素一览,它们都是"超级信使",帮助植物与环境建立了极其复杂的全面连接
图片来源:Santner A, Calderon-Villalobos L I, Estelle M. Plant hormones are versatile chemical regulators of plant growth。

　　动物和人类也是如此,大量的化学信使在体内活动,它们打开或关闭特定的信号通路,从而使得个体表现出特定的行为。有时候,动物和人类还会出现针对特定化学信使的协同进化,比如宠物狗和人类在催产素的合成与起作用的模式方面高度一致。当主人拥抱宠物狗时,额头贴着额头、眼睛望着眼睛,主人和狗的唾液、尿液中的催产素水平都会上升,然后双方的大脑都会体验到一种由多巴胺、内啡肽共同释放产生的安全感、愉悦感和信任感。

　　反过来,一旦某些化学信使的合成、释放与再回收机制异常,人类就可能出现病态反应。

　　比如,抑郁症患者的5-羟色胺等水平均异常,一些针对性的药物正是针对5-羟色胺的再回收机制起作用。不太为人所知的是,抑郁症患者体内的压力激素皮质醇水平一般也不正常。适量的皮质醇会让人产生一种微微的压力感,从而让人充满做事的动力。因此,皮质醇水平过高或过低都对人体不利。过高的皮质醇水平会让人体长期处于严重的慢性压力当中,久而久之,患代谢性疾病与癌症的风险都将显著上升。常常有一些不幸患病的人这样解释:有一段时间意志消沉,身体长期处于巨大的压力当中,病根就是在那个时候埋下的。这是合理的,因为所有的压力在产生之后都要寻找一个出口,发病就是它的出口。反之,过低的皮质醇水平会让人失去动力感,对做任何事都兴味索然。每个人体内都有一条看不见的皮质醇觉醒反应曲线。

所谓"皮质醇觉醒反应"(CAR),是说每天醒来第一个小时之内皮质醇(压力激素)水平会迅速达到一天的峰值。这是我们每天睁眼起来面对尘世生活的生理基础:皮质醇激活了大脑的前摄性调节机制,在这种机制下,大脑可以为一天的紧张生活提前做好准备,通过神经通路调整全脑的状态,提前最优化地配置注意、感觉、知觉和运动系统。但是,异常的、弱化的或钝化的皮质醇觉醒反应会降低相关脑区的神经网络活动效率,从而让人无力应对挑战,产生颓废、焦虑、抑郁等情绪,对健康明显不利。总之,在自然进化的"算法"下,人类是一种高度受到激素影响的"肉体凡胎"。

不难理解,人类对自身并不具有高度的控制力。

第一种不可控的情况,发生在人类的青少年时期,大脑的边缘系统高度不成熟,激素分泌处于剧烈的振荡当中,因此青少年的冲动性、不可控性更强,最典型的表现是对眼前利益与长远利益的权衡明显不足,对潜在风险的预判更是不足,这就使得青少年做出的许多决定并不符合理性的"跨期决策"标准。第二种不可控的情况发生在人的中老年时期,这一时期人体的大部分激素水平会再次迎来的剧烈下行性变化。以男性为例,睾酮等雄性激素水平会逐年下调,特别是在结婚生育之后。配偶、孩子的出现会加速雄性激素的下调,甚至已经有一些研究发现,婴幼儿头皮区域分泌的一种十六醛物质可以调节男性的亲社会性。

153

这对男性本身来说有着复杂的影响,一方面雄性激素的下降使得男性的亲社会性加强,暴力冲动削弱,这种变化非常有利于已婚已育男性抚育下一代;另一方面会使得男性的雄性特征有所退化,更加容易积累腹部脂肪,从而发福。再比如,在玻利维亚提斯曼人(Tsimane)社区进行的研究发现,男性体内的催产素水平在离家狩猎后逐渐升高,与离家的物理距离呈现正相关性。这种自然进化的设计也是巧妙的,它让离家的男人想念"老婆孩子热炕头"的生活,从而迫切地将猎物带回家中。人类是行走的档案库,保存着来自祖先的智慧。

然而,一旦人类了解了自然进化的"算法",便拥有了破解的希望。

无论是有益的还是病态的激素-情绪控制,人体都是自然进化的产物而非自己的主人。破解的结果是人类尝试改写自然进化的"算法",并按照自己的意愿,添加新的"算法",以增强人类的体力与脑力。幸运的是,截至 2025 年,人类已经掌握了许多增强与世界的"连接"、保持高度清醒的技术和方法。

显然,如前文所述,人工智能可以在发现具有加强人类"连接"功能的药物方面帮助人类。

人工智能辅助药物研发已经成为科技强国竞争的热点,其本质是人工智能可以利用人类已有的关于人体信号通路、生物与化学药物机理的研究成果,前瞻性地预判、筛选与优化可能存在后续开发价值的新型化合物。也就是说,人类在修复自己身体内部的"连接"方面,可以借助人工智能大大加速这一过程,并降低成本。在人机结合的状态下,植入人脑的"机器脑"或"人工智能脑"可以更加迅速地监测、判断人体内的"化学潮汐"以及神经放电情况,一方面直接反馈给人脑,另一方面通过直接干预来调整异常状态,恢复人体内外的正常"连接"。不管是情绪系统还是道德决策系统,"机器脑"或"人工智能脑"既可以帮助人类快速甄别外界传输的信息,又可以迅速对信息进行整合、分析和判断。

总之,人工智能对重建人体内外"连接"的成果是建立在破解与增强人体自然进化"算法"的基础之上的。当人类在下一个维度上获得了对自己身体的控制权,不再被不期而至的情绪系统或"化学潮汐"所左右时,人类就可以向前更进一步,与其他人建立更强大、更直接的"连接",共享社群的经验,并进行更加准确的神经通信。

第9章　共享经验的未来

人类拥有超能力。与任何其他心理刺激相比，我们的存在使体验变得有意义，激发道德行为、鼓励行动。共同的人性能帮助我们创造一个更美好的世界。

——美国社会心理学家亚当·韦茨（Adam Waytz）

自然进化的"路径"有助于人类共享彼此以及先辈的经验，因为文化演化赋予了人类"连接"过去和未来的能力。主动进化的"路径"则可以修复自然进化共享所引入的缺憾、弊端甚至危害，从而支持人类建立一个崭新的未来社会。

共享经验的力量

在自然进化的固有框架之下，人类拥有了传承、分享以及利用共同经验的力量。未来沿着人机结合与协同演化的路径，共享经验的力量将得到最大限度的释放。

地球上的所有群居性物种都拥有不同程度的社会学习能力。这种能力是伴随着数十万乃至数百万、数千万年演化而来的。我们换一个角度看待社会学习的机制，其本质是一种可以共享经验、传承经验，然后在掌握经验的基础之上进行加工、升级、迭代、创新的机制。正是这种种，使得群居性物种很容易跃升到食物链的顶端。

比如虎鲸就是一种典型的群居性物种，通常一个虎鲸群体由一头或两头年长的雌性虎鲸带领着一群年轻的雄性虎鲸和雌性虎鲸组成。年长的雌性虎鲸就像人类群体当中的老奶奶，它们拥有两三倍于雄性虎鲸的寿命，通常可以活到 80 多岁，且拥有组织"家族"、协调狩猎、调解群体矛盾的智慧。鲨鱼一般被认为是海洋中极其凶猛的物种，美国好莱坞电影的渲染使得人类对鲨鱼望而却步，保持着敬畏之心。然而，凶猛的鲨鱼在虎鲸面前就是"移动的美味"，而且虎鲸非常挑食，它们将鲨鱼杀死之后，通常只挑鲨鱼的肝脏来吃。它们深谙此道，一般从背鳍处撕咬开鲨鱼的肝脏（又肥又大、富含高级的鱼肝油），一旦得到想要的美味，就会把鲨鱼的残躯丢在一边不管。有时候，鲨鱼的残躯会被冲上岸，海洋"霸主"就像一个泄了气的玩偶一样软趴趴地躺在沙滩上。新研究又告诉我们，不同海域的虎鲸拥有不完全相同的狩猎文化，但狩猎鲨鱼的文化可能发生传播。一旦高效捕杀鲨鱼的文化在虎鲸社群流传开来，就会有更多的鲨鱼遭殃。

大翅鲸（即座头鲸）虽然不是严格意义上的群居性物种，但是也经常两三头或三四头一起游弋，特别是狩猎和繁殖的时候。

大翅鲸会聚集在一起，利用共享经验以及集体的力量来填饱肚子。只因为它们的块头太大了，每天一睁眼就要解决巨量食物来源的问题。研究发现，它们已经掌握复杂的狩猎技巧，比如"气泡织网"法。大翅鲸会先集体用气孔喷气，使得海面上出现一张巨大的泡泡网，这张巨网会把大翅鲸的猎物比如鲱鱼群集中起来，后者在仓皇逃命之中进入泡泡网中心，然后大翅鲸们会一边摆动胸鳍不让鱼逃跑，一边张开大嘴等鱼游进来。根据需要，大翅鲸还会"创新"狩猎策略。当海水里的磷虾密度很小时，大翅鲸就慢慢张开大嘴向下俯冲，频率为 30 余次每小时；当磷虾密度很大时，它们就快速俯冲，频率为 50 余次每小时。大翅鲸还有一种"守株待鱼"法，就是在海水里张开大嘴，静静地等待，一旦有大量的鲱鱼在其嘴巴里聚集，就闭嘴把它们吃掉！

值得一提的是，大翅鲸还有一个有意思的特点，它们会主动破坏虎鲸的捕食，从虎鲸口下"解救"海豹、海狮、翻车鲀、灰鲸幼崽等，推测它们听到虎鲸在捕食就会拍着胸鳍赶到。

语言促进经验共享

在一个经典的人类学故事中，从远方狩猎归来的猎人不管有没有猎到足够多的猎物,往往都会与社群中的人围着篝火分享狩猎的故事。

人类学家基于田野调查,发现这种从猎人嘴巴里讲出来的篝火故事充满着离奇的情节和夸张的成分,很多猎人往往会夸大其词。然而这种讲故事的形式,在人类学家眼里是极其重要的,因为这就是一种经验分享。在文字被发明之后,不同时代的人类经验也可以传承下来,也因此,考古学家基于种种发明创造的特点就可以推算其年代以及文化传播路径。比如 2019 年,考古人员在山西省阳泉市发现了中国现存规模最大的战国时期的古水井。为什么很快就定位到战国时期? 因为其原始榫卯结构搭接闭合的文化式样特点鲜明。

人类的寿命有限,但是经验却可以跨越时空。

中国人很早之前就懂得开凿水井,其文献记载也十分久远。比如,在六七千年以前的河姆渡遗址中就有浅水井,在五六千年以前的良渚遗址、马家浜遗址当中也都有水井。知道"井"字为什么写作两横一撇一竖吗? 因为早在河姆渡遗址中的水井就已经是井字金文的样子,即用四根长圆木相交组成井架,中间有一些汲水的陶瓮或者其他工具。据《世本》《吕氏春秋》等记载,"伯益作井"。最先发明水井的人早已经不在了,但是他的经验可以一直传承几千年,变成一个文化族群的共同经验。

再推而广之,一个文化族群还可以向另外一个文化族群进行学习。不光是在工程、机械、医疗、军事等方面进行学习,还可以在语言、文学、游戏等方面进行融合、创造。

有一段时间,中国的社交媒体对英文单词"kiss"(接吻)曾被写进古体诗感到惊奇。实际上那不是孤例。清代文化大家袁枚的孙子袁祖志曾经去欧洲旅行,回国以后讲述了许多人都在学习英语,因为人们普遍认为英语是西方国家的官话,所以都在学。

不光学,还把英文单词写进诗歌里。

比如,清代诗人高锡恩写过《夷闺词》:"绿杨阴里足徘徊,金碧楼台绝点埃。寄语侬家赫士勃,明朝新马试骑来。纤指标来手记新,度埋而立及时春。儿家学得中华语,仍是中华以外人。"其中,"赫士勃"和"度埋而立",即"husband"和"to marry"。1866 年,清朝官员斌椿出使欧洲,写了《海国胜游草》:"弥思小字是安拿,明慧堪称解语花。"其中,"弥思"即"miss"。1884 年,近代书法家张祖翼写了《伦敦竹枝词》:"五十年前一美人,居然在位号'魁阴'。"其中,"魁阴"即"queen"。因为"女王"本来就是女性的王,所以"魁阴"被认为十分"信达雅"。

中国诗人把英文单词写进古体诗,美国诗人也曾使用英文翻译中国古诗并借鉴。最出名的恐怕就是美国诗人和文学评论家、意象派诗歌运动的重要代表人物埃兹拉·庞德(Ezra Pound)了。庞德根据大量中国古诗翻译而成的《华夏集》将李白等中国诗人的作品引入西方,影响深远。其翻译虽存在误读,但以创造性重构赋予古诗新生命,已经成为英文诗歌视野下的经典文本。

在人工智能时代,不但人类文化族群之间可以互相学习,人工智能也可以向人类学习。

在数字人文自然语言生成领域,诗词创作是一个十分有趣又有意义的研究方向。毕竟,未来当人形机器人普及到日常生活中时,人们期望它们不但能够帮忙工作,还能够走进人类的家庭,帮助人类学习。因此人工智能不光要能够帮助人类进行翻译、阅读理解、知识问答以及自动为冗长的专业论文生成摘要,还要能够理解人类的文学典籍,对古老的典籍文本进行准确、合理的识别、分词、标注,最好能够创作诗词,不管是古体诗,还是现代诗。

在一项研究当中,研究人员以《四库全书》里面的繁体古诗词为语料来源,不断投喂、训练人工智能,然后让其创作七言绝句。为了检验效果,研究人员还安排了图灵测试,即把人工智能大模型写出来的诗歌交给高校非文学专业的大学生去判断是否由诗人创作。结果显示,大模型生成的诗歌让 56.75% 的测试者认为"诗歌偏向诗人创作或无法判断"。这样的结果可以理解为通过了图灵测试,即人工智能生成的诗歌已经足以让超过一半没有专业文学基础的人信以为真。

沿着当前的"路径"继续演化,我们完全可以期待有一天对着人形机器人既可以谈论专业的科学问题,也可以谈论文学、哲学等,甚至人形机器人还会拥有自己的情绪、意志以及审美旨趣,它可能会"兴奋地"拿出自己刚刚创作的古体诗,请我们品鉴一番。

人类是共享经验的物种

人类是文化的物种。意思是,人类出于种种社会性因素建立了独特的行为体系,这些体系的呈现形式就是一个个独具特色的亚文化,它们通过社会学习在社群内部代代相传。

我们反复强调:"文化"是一个内涵比较明确的中性词。在民间,人们倾向于把"文化"粗略地定义为"世界上已知的和说出来的最好的东西"。所以,"有文化"被认为是一种褒奖。但是在社会学和人类学视野下,"文化"确实是一个中性词。比如,"文化"的一个人类学定义是包括知识、信仰、艺术、道德、法律、习俗和任何人作为一名社会成员而获得的能力和习惯在内的复杂整体,而且可以互相传授。更广泛的定义是动物只要有共同的"习惯"及可以互相传授的行为集合,也就拥有了"文化"。

此外,"文化"还有一个定义,可以提供更棒的阐释框架,就是文化由通过符号获得和传递的显性和隐性行为模式组成,其本质是由传统的思想,尤其是被赋予的价值构成的。这个定义提示我们在观察一个人类亚文化社会时,一定要同时注意到其中实在的(realistic)

和观念的（idealistic）两类文化。

特别是后者。

按照这些定义，在中国社交媒体上为很多人所不屑的"酒桌文化"，实际上也是一种客观存在的亚文化。首先，它是一群人所共同认可的规范习俗，而且可以通过后天习得。其次，关于酒桌的"规则"与"意义"以及"观念"可能在当地代代相传。所以您就懂了，"人类是文化的物种"的意思是人类可以通过后天的方式从别人那里习得一整套关于世界的规范习俗，还可以传授给自己的子女，当然也可以传递给其他社会成员。

此外，人类还具有共情及同理心的机制，正是这种机制使得人类可以尝试理解其他人的情感系统。从信息论的角度来讲，这就相当于别人把自己的情绪系统编码的结果传输给您，只不过中间它会经过神经元这样一个中介而使得您的大脑可以在一定程度上推测出别人具有什么样的心理，这种能力是通过自然进化获得的。

对他人的思想和信仰进行推理的能力是人类之间复杂社会互动的特征之一。

这种能力称为"心理推测能力"（TOM）。一般人类从 3~4 岁起，就开始自然而然地掌握对他人思想、信仰、目的进行推理和预测的能力。比如，婴儿在 2 岁前就已经表现出与他人信念相一致的行为期望，他们似乎知道自己的爸爸妈妈"希望"自己做什么。再比如一个有趣的生活案例：三岁半的双胞胎哥哥、弟弟各自面前都有一个零食碗，里面是切好的西瓜。哥哥不停地把弟弟碗里的西瓜拿到自己的碗里来。弟弟不哭也不闹，抬头看了一眼正在录像的妈妈，静静地等待哥哥把自己碗里的西瓜都拿光。然后，弟弟突然把哥哥满是西瓜的碗端走，跑到一边吃去了，徒留哥哥愣在原地，然后大哭起来。这里，聪明的弟弟就具备了良好的心理推测能力，他可以根据哥哥的行为、妈妈的表情等信息推断哥哥的目的，然后开动脑筋，想到应对的方案。

换句话说，聪明的人类可以感知其他社会成员的想法。这种能力是由独立的大脑网络的成熟度所支持的，多个涉及言语、心理、情感推理的脑区参与执行这项认知任务。须知，我们人类的全部社会交往都深深依赖于我们推断别人的想法的能力。在自然进化的框架下，我们具备了这种能力。虽然有时候会出错，正确率不是 100%，但能够彼此相知、分享共同经验给人类的群居生活带来了太多便利和进化优势，这使得信息和技能可以在整个社群中快速传播，也可以催生大规模的社会性协作。

共享经验的弊端

但是，人类不光受益于共同经验，有时候也会为此烦恼。

　　人类常常因为迷信权威而犯下错误,这与大脑倾向于减轻认知负担的自然运作方式有关。比如,2020 年,顶尖权威科学期刊《自然》突然发表了一篇重磅调查报道,宣称室温超导发生了"爆炸性突破"!美国罗切斯特大学的物理学家兰加·迪亚斯(Ranga Dias)声称发现了人类历史上第一个室温超导材料。虽然 2 年后论文被撤回,但迪亚斯随后又宣布了一个新的重磅成果:只需要相对适中的压强,就可以实现室温超导。新论文仍然发表在《自然》期刊上。这在当时引起世界级轰动,因为寻找室温超导材料及其制造方法是全球科学家的梦想。而且,世界知名大学的学者,论文发表在顶尖权威的科学期刊上,还会有错吗? 人类大脑在因果推断方面呈现出明显的贝叶斯推理特征,即非常依赖"先验知识",权威来源更容易使人相信事件成立。

　　然而,争议事件的进展告诉我们:有时候,看似最权威的科学期刊也可能犯错,从而为虚假信息背书。

　　迪亚斯的研究引起了全球多个课题组的关注,他们第一时间尝试重复迪亚斯论文中的实验,但全部失败了。随后,另一本顶尖权威的科学期刊《科学》发表了披露迪亚斯论文数据造假、捏造实验材料的调查报道。迪亚斯所在的罗切斯特大学也对他进行了 3 次调查,但结论都是"没有发现不正当科研行为的证据"。等到了 2023 年夏天,罗切斯特大学在外部压力之下启动了第 4 次调查,这一次校方延请的外部专家证实了迪亚斯的论文中存在"数据可靠性问题"。迪亚斯的实验室被关闭,他的博士生、硕士生被分流安置到其他研究团队。《自然》杂志的新闻调查团队采访了迪亚斯的学生们。

原来,迪亚斯曾经试图将学生们都拉入他惊天动地的造假计划中。

刚开始,他采取了隐瞒加诱骗的策略,不让学生们接触"最关键的步骤",并且欺骗学生们说结果是正面的,宣布在合成的碳-硫-氢(C-S-H)化合物样品里发现了室温超导性。刚开始,不明就里的学生们十分兴奋,他们大都在社交媒体上互相祝贺。虽然学生们询问迪亚斯材料的电阻率、磁化率等核心数据,但是迪亚斯再三推托,谎称他此前在哈佛大学的实验室中已经拿到相关数据。学生们虽然对迪亚斯的解释感到奇怪,但当时并不怀疑他有不当行为。作为相对缺乏经验的研究生,他们信任自己的导师。与此同时,迪亚斯论文的合著者、美国内华达大学拉斯韦加斯分校的物理学教授阿什坎·萨拉马特(Ashkan Salamat)马上宣布他俩的初创企业 Unearthly Materials 开始运营。随后,学界对迪亚斯质疑的声音逐渐增多。比如,美国加利福尼亚大学圣迭戈分校的豪尔赫·赫希(Jorge Hirsch)教授呼吁迪亚斯尽快公布原始磁化率数据,但迪亚斯两人拖了一年多才终于公布。在进行仔细分析之后,赫希发布了迪亚斯论文的原始磁化率数据分析报告,宣称这是"操纵数据的结果"。终于,迪亚斯的第一篇所谓"室温超导"的论文于 2022 年被正式撤稿。

即使如此,迪亚斯仍然没有停止造假的步伐,这一次连他自己的学生也不愿蹚浑水。年轻的学生们意识到,假如再次卷入迪亚斯的论文造假风波,他们在科研界的职业生涯将遭到不可逆的损害。迪亚斯还提出要把学生的姓名加到论文的作者名单里,但学生们拒绝了。再之后,第二篇论文也被撤稿,迪亚斯终于被罗切斯特大学解除合约。即使如此,迪亚斯通过两篇造假论文已经成功融资到至少1 000万美元,他和他参与运营的初创公司可以保留大部分的财富。

迪亚斯与"室温超导材料"的案例告诉我们:人类通过自然进化具备的共享经验的机制带有强大的副作用。人们会对权威产生迷信,从而无法通过自己的力量对事件本身进行模型构建和价值判断。人类常常在事实面前是孤独的。为了对抗这种孤独和无助感,人类进化出了共情等分享其他社会成员情绪的能力。

在心理学领域,有近些年十分流行的积极心理学,也有消极心理学。其中,关于消极心理学的研究让人们得以窥探到共享负性情绪的弊端。比如,人类会被其他人的极端负性情绪所感染,并表现出类似的消极反应。在实验室里,研究发现社会性焦虑确实可以传染。被试小鼠在多次观看其他的小鼠恐惧发作后,大部分也会跟着一起尖叫,并表现出焦躁不安的症状。通常这种情况下,实验者会给予被试小鼠混有吗啡的水,以验证小鼠是否会因为感到焦躁而寻求药物安慰。结果显示,在给小鼠注射催产素之后,它们感知其他小鼠痛苦的能力明显增强,并以更高的频率转向吗啡饮料寻求安慰。催产素在这里的作用,就是增强小鼠"感知"其他小鼠痛苦的能力。

类似的,社交媒体上的人类就是暴露在负性情绪氛围中的"小鼠"。

社交媒体兴起之后,共情机制的广泛存在迅速引起了普通人群的注意,许多社交媒体用户将共情能力的大小或有无视为考量人品的主要指标。这在很大程度上是正确的,因为亲社会性差的人格障碍患者,比如反社会型人格障碍患者,其共情机制在生理上出现致命缺陷,情感推理机制也存在难以修复或治疗的缺陷。然而,人们有时候会忽视过度共情的副作用。当人们通过社交媒体每天暴露在大量负性情绪中时,自己也会变得焦虑不安、痛苦甚至绝望起来。也因此,权威的心理学建议是避免过度激活自己的共情机制,否则将引起"共情疲劳"。一些在医护群体中进行的研究显示,高频率地、被动地激活共情机制可能引起情感负荷增加,久而久之就自动降低了共情能力和关注兴趣,还可能产生职业倦怠。实践证明,即使是照料亲密的家庭成员,长时间的共情投入也会引起倦怠,从而出现严重的"共情疲劳"。

这些均是自然进化的副作用。对于过度共情所带来的"共情疲劳"现象,一种简单的对症疗法是远离焦虑源,即从过度共情的社交氛围当中自动解脱出来。然而,当人类拥有了对自身进化机制进行修改的工具和能力之后,就可以从根本上减少共享经验机制的弊端。

人工智能辅助认知的新时代

从"共情疲劳"的案例可以看出,人类为了增进个体与社区的情感联系,进化出了包括但不限于共情的情感推理机制。

然而,共情机制无疑存在一系列缺陷。一方面,共情的关注范围常常非常狭窄,一旦共情机制启动,人们便容易受情绪影响。譬如,若一个人为双方各执一词的事件当中的某一方而伤心落泪,便更容易采信这一方的叙事,从而不由自主地忽视或轻视另一方面叙事的说服力。另一方面,共情的启动很容易被一个人的偏好所左右。譬如,一个人的政治偏好、价值偏好会使得他将一部分人视为"自己人",将位于对立面的人视为"外人",然后对"自己人"出现"内群体偏见",而对"外人"出现"外群体偏见"。这些偏见会严重影响一个人的理性判断能力。此外,共情理论还带有很大的迷惑性,它使得一些人相信只有具有共情能力才可以去做善事与正确的事。这种观点的错误显而易见。譬如,一个正常且理性的人并不需要共情能力,也知道乱扔垃圾或者在公共场所抽烟是错误的、不符合社会规范的行为。

误解人类的大脑只有"共情能力"可用于是非判断,是社交媒体用户经常犯的错误。

　　一位旅居美国的历史学者曾跨专业地评论"共情能力",他说:"同情"这两个字很要紧。同情不是可怜,同情是把你放到他的处境、他的地方、他的时间,你跳到他的处境,去帮他想。这都能训练你对历史的情境、背后的人有新的认识,从而培养出对许多时代的同情,对整个人类的同情和怜悯。这位老教授谈论的是做史学研究所必需的"理解之同情"的重要性。如果是在史学规范的视域下,他的评论大致没有错误,好的历史学家必然要调用"同情机制",利用想象回到历史的现场。然而,在神经生理学的视野下,老教授的评论显然是错误的,他混淆了人类大脑与生俱来的"同情"与"共情"机制。

　　人类的共情(empathy)能力与同情(sympathy)能力,在底层的生理机制上存在显著差异。

　　简单来说,如果我处于狂喜之中,您也感受到强烈愉悦,那么您可以说是在跟我共情。而同情和怜悯是对他人感受的回应,不是镜像般地反映出同样的情感。您因为一个人的疼痛而感到悲伤,这是同情;如果您也能感受到他的疼痛,那这就是共情。老教授说"把自己放在他的处境、他的地方、他的时间……去帮他想",所指的应该是"共情"。研究者可以调用"共情工具",在自己占有丰富知识、一手材料、多重视角的认知框架之上,去感受历史人物的感受,就有可能写出好的论文。但普通人这样做会有很大的失真风险。因为普通人很难拥有像研究者那样的基于历史、数据、科学思维的认知框架,结果大脑被激活的往往只是一套被"灌输"的观念,就很容易一厢情愿,不是"去帮他想",而是"把他想成自己",把一个复杂历史人物的处境想成自己的"仨瓜俩枣",最后得出离题万里的感情。

而人工智能可以在认知方面帮助人类加速进化。

当前,人工智能正在帮助人类实现共享经验好的方面,去除共享经验的负担和误区,避免共享思想、情绪、经验带来的烦恼等。在强人工智能面前,不论是"过度共情"还是"共情疲劳"抑或是"错误同情",都可以在算法层面提前规避。在经济学的模型当中,学者假设了一个在真实世界中并不存在的"理性经济人"(rational economic man),这样的人类可以始终按照理性原则行事,以实现利益的最大化。"理性经济人"之所以在真实世界中不存在,是因为人类的自然进化具有迟滞性、限度以及冲动性,使得再完美、理性的人类也具有内在的短视性。但在人机结合的未来,理性价值评估的工作可能由人脑的眶额皮质与"机器脑"共同完成,人机结合的"超人类"将最大限度地接近经济学模型中所谓的"理性经济人"。

人工智能增强人类认知的应用已经出现,并且正在不断深化,从而可以抹平人类个体之间在认知能力方面的许多差异,最终将使得人与人的竞争变为人机结合复合体与另一个人机结合复合体的竞争。

即使是专业人士之间的认知能力差别也巨大。

比如,初出茅庐的肿瘤科医生在处理病患的医学图像时,对异常情况的判断力往往不及年资较高的医生,后者的认知能力经过了更久的专业训练而得以提升。再比如,早在 18 世纪人类便获得了一批来自古罗马的珍贵的纸莎草纸卷轴,它们从公元 79 年维苏威火山爆发中幸存下来。然而,百年来人类都"不识庐山真面目",因为高度炭化的卷轴一旦打开,就会变成碎片。但在人工智能科学迅猛发展之际,人工智能已经悄然"扩张"到古典文献和考古领域并大显身手。中国的甲骨文识别工作已经引入人工智能工具,人工智能还在帮助不同国家的学者解读希腊文或拉丁文的古典文献。由美国肯塔基大学的人工智能科学家布伦特·西尔斯(Brent Seales)牵头,启动了一项名为"维苏威火山挑战"(Vesuvius Challenge)的项目,这个项目的目标是开发出一种"虚拟展开"(virtual unwrapping)技术,不用真正打开高度炭化的卷轴也能读出里面的文字。他们成功了!

最兴奋的是古典文献专家,因为他们可以看到过去千年来从没人看过的,一度以为永远也看不到的古代文献。这一得到人工智能技术辅助的成就获得了全世界的关注,因为人工智能为人类探索未知世界开辟了一条新的路径:经过训练的人工智能神经网络居然可以"识别"用墨水写了字的纸莎草纸与未写字的纸莎草纸表面纹理极其细微的区别,并且可以解读出原本的字形。厦门大学的史晓东团队也在开发可以解读甲骨文的人工智能模型,人工智能帮助人类打开了曾经难以访问的资源。

新一代人工智能还可以为人类提供更多、更高效的进化算法,从而从源头改变人类的认知功能。

人类在幼年时期,大脑的认知算法并不发达,因此人类的一生都需要积累和磨炼技能,才能让大脑中处理问题的低效算法逐渐被更高效的算法或直接检索替代。比如,一年级的小朋友计算 10+10 的时候往往需要使用两只手的全部手指,对计算 11+11 或 100+100 可能感到困难,以至于得出 100+100 等于 101 的错误答案。他们的大脑只能调用低效算法,而无法处理大数字,但成年人的大脑可以绕过运算步骤,直接得出答案。

新一代的人工智能也许可以帮助人类绕过辛苦的长期学习阶段。

比如,大量的医学图像可以通过人工智能大模型得到快速分类,其中的异常点会被准确地分类为良性或恶性。大模型还可以绘制异常区域的热力图、概率图或其他图表,并给出专业的书面描述,以供人类医生最终定夺。这种人工智能辅助认知决策的支持系统在医学领域、自动驾驶领域和其他领域都越来越常见,它们可以减小人类个体之间的智力差异。比如,自然进化产生的复杂任务执行能力非常依赖于认知资源。举个最简单的例子,记忆能力强大的人类在许多领域都占据着优势,如演奏音乐、玩扑克牌等,他可以记住常人无法记住的信息组合。长期以来,人类习惯了让拥有"一技之长"的人类承担分门别类的专业工作,比如一部分人适合做司机或赛车手。然而,人工智能驱动的自动驾驶系统使得普通人也可以"驾驶"飞驰的电动汽车。人工智能辅助人类,等于在认知资源上大大支持了人类的大脑,从而大幅减少了人类执行复杂任务所必需的认知负荷和可能发生的人为错误。

也因此,不难理解人工智能的发展正在引起一部分人类担忧,甚至恐慌。

担忧体现为对人类自然进化功能退化的忧虑。人工智能助手在深度介入人类的生活与思考之后,会不会对人类的决策、判断以及整合问题、解决问题的能力构成威胁?这与传统的自动化系统的影响并不完全一致。过去,自动化辅助驾驶系统也曾引起过忧虑,譬如自动驾驶仪会不会导致人类飞行员的驾驶能力下降?结果表明并不会,因为自动驾驶仪仍在人类的操控之下,人类飞行员仍需要释放自己大脑的认知资源,去接收自动驾驶仪传来的信息提示,以及处理其他的工作。

换句话说,过去的自动化系统是具备决策-反馈回路的自动控制系统,这种反馈回路是事先设定好了的;一旦超出正常参数范围,系统就会把控制权重新交回到人类飞行员手里。然而,人工智能辅助驾驶系统对人的"解放"将是更加全面的。

高级人工智能拥有更大的自主权,甚至拥有"个性"。目前,人工智能自动驾驶系统已经允许人类驾驶员在驾驶座上呼呼大睡,由它自主完成加速、减速、倒车、入库等任务。未来,更先进的人工智能自动驾驶系统可能完全独立于人类,其可能对行驶路线、突发障碍、驾驶风格等都拥有决策权。到那时,人机协作的决策权应该怎么样在人类与人工智能之间进行分配呢?

第 10 章　人类与人工智能系统的竞赛

我们对尊严的共同渴望超越了一切差异。

——美国哈佛大学韦瑟黑德国际事务中心研究员
唐娜·希克斯(Donna Hicks)

在主动进化的道路上,人类不会孤独,因为将有人工智能伴随着人类进行协同演化。学界反复告诉我们:人类社会几百万年以来进行的都不是单独的自然演化,而是自然与社会文化的协同演化,即我们开篇就提到的基因-文化协同演化。同样地,人工智能与人类的协同演化也是一种"人-机协同演化"(human-AI co-evolution)。

"可解释"的人工智能

我们很确定超级人工智能可以成为我们无话不谈的朋友,与我们一起品鉴诗歌和现代艺术,探讨国际关系与地缘政治,甚至成为交流思想、拥有感情与亲密关系的生活伴侣。但截至 2025 年，科学家们致力于让人工智能首先达成"可解释"的目标。

您向人工智能提问，人工智能已经可以给您许多种答案或方案，但您很可能希望人工智能给您"解释一下"，为什么它特别推荐其中的某项方案。您当然不指望它跟您掉书袋，开始讲大模型背后的算法，罗列一堆人工智能科学的专业名词，比如向量、随机森林、概率模型和神经网络等；相反，您希望的就是它可以"像人类一样"告诉您理由。

这就是"可解释"的人工智能。

早在 1950 年，人工智能学科的先驱阿兰·图灵就在其十分富有远见的论文《计算机器与智能》中提出，人类应该允许并接受这样一种机器，就是它被构造出来是为了完成特定的工作，而无须由其构造者向使用者详细地解释其原理。我们绝大部分读者可能都已经或多或少学习过计算机基础知识，应当可以轻松理解这句话，就是我们不需要上很复杂的理论课，也可以轻松地使用计算机打字、浏览网页和创建表格。移动互联网兴起以后，智能手机市场广泛下沉，深山老林里的老人都可以一边烧着火一边用手指滑动页面，浏览短视频平台，他们根本无须搞明白背后的原理。但是情况正在发生剧烈的变化。

ChatGPT 兴起并迅速普及以后，用它来辅助工作的人们很快发现：ChatGPT 会撒谎！如果您要求它帮助您检索 10 篇专业论文，它可以在短时间内罗列给您,但很可能这些论文都是它编造的。这时候,您就懂了为什么会有"以用户为中心的人工智能"(UCAI)这种术语。实际上,早在 1983 年,就有人工智能学者提出 UCAI 的概念,并说要让智能系统能够被广泛接受,它就必须以用户能够理解的方式,解释它们执行了什么操作以及为什么执行。明白了这点,您就明白了为什么 DeepSeek 在 2025 年春节突然火爆全球!全世界的社交媒体都在兴奋地讨论 DeepSeek,一大原因是它是真正开源的且成本更低,另一大原因是 DeepSeek 是对用户更加友好的"可解释"的人工智能,它不但拥有强大的深度思考、逻辑推理功能,还可以将这些功能展示出来,让长链的思考和推理过程清晰可见。就冲这一点,许多用户就更喜欢使用 DeepSeek,并从其长链推理中获得启发。

在军事领域,这种需求更加合理,也更加重要。

美国国防高级研究计划局(DARPA)是一个致力于研究人类最前沿科技的高端机构,它很早就注意到了这个问题,并在 2015 年启动了专业人士才知道的"可解释人工智能"(XAI)计划。这个项目设定的目标就是探索让终端用户更好地理解,重点是能够信任和有效管理人工智能系统的方法体系。想象一下,您虽然很满意跟人工智能谈天说地,甚至将人工智能植入到自己的身体里,让搭载超级人工智能的纳米机器人帮助您管理血液健康、处理代谢废物,但您总希望"主动权"始终掌握在自己的手里吧。您需要信任所有搭载超级人工智能的设备,它们必须听从您的管理。公平地说,这是我们对超级智能和人工智能启示录非常合理的期待和要求。

习惯于先人一步的 DARPA 已经从军事需求的角度提出了这些期待,并探索怎么把这些要求部署给人工智能。

比如,超级人工智能告诉五角大楼的军事情报分析员,应当对××地区的物资转运活动进行进一步调查,那么分析员必须了解人工智能为什么提出这样的建议。又比如,敏感隐蔽任务的项目管理员必须了解超级人工智能的决策模型,才能想清楚该怎么给人工智能布置任务。了解人类的心理学非常重要,预测人工智能的"心理学"也很重要。因此,DARPA 的这类任务招募了多个跨学科团队一起参加,他们来自计算机科学、人机交互、实验心理学、神经心理学等专业。他们最核心的任务之一,就是既让人类能够更好地理解人工智能,也让人工智能能够更好地理解人类,双方朝着同一个"可解释"的方向共同进化。

值得一提的是,2024 年以来,中国的大语言模型在"可解释"的人工智能方向上取得了显著进步。

使用多种国产大语言模型的用户已经注意到,人工智能在解答问题、阅读图表、欣赏书法,并指出用户上传的作品在风格上更像是王羲之、黄庭坚、米芾还是赵孟頫之时,已经可以向用户展示其思考的过程、采用的依据以及最后的结论。事实上,假如你以文字或语音直接询问它们是不是"可解释"的人工智能,它们可以正面回答你"是的"。这对普通人来说是至关重要的进步,对普及人工智能也是重要的一步,因为这意味着人类可以建立起对人工智能的信任,它们也在朝着不断赢得人类充分信任的方向进化、迭代、升级。

人工智能超越人类?

人类可能迎来一个悖论:人工智能向人类解释问题与方案的能力越进化,人工智能越可能产生"不耐烦"甚至敷衍人类的结果。

当前,人工智能的发展仍然离不开对人脑的"模仿"。一方面,人工智能科学家寄希望于让机器具备与人类同等水平的决策能力和解决问题的能力。通常是对人工智能系统进行大数据投喂训练,让人工智能学习如何执行任务,并学会识别海量数据与结果之间的逻辑性、相关性和匹配模式。另一方面,人工智能的继续演化依然离不开人类对自身大脑认知的加深。因此,顶尖生物学实验室都高度重视神经科学与人工智能科学的交叉发展。神经科学的突破注定将为人工智能技术的飞跃提供重大方向,比如破解生物神经网络的复杂算法可用于构建机器的深度神经网络架构。过去几年,中国、美国都有专门的针对神经科学与人工智能科学交叉发展的新型实验室启动。

　　值得注意的是,不光是在学界、产业界,政界也对更强的人工智能的普及应用敞开怀抱。

　　美国的多家智库近年来均发布过多篇关于人工智能走进政府的报告,其中的重要共识是,计算机视觉、大语言模型以及其他具有"自主智能"的人工智能产品可以部署到政府的多个部门。比如,人工智能系统可以部署到卫生部门,用来辅助卫生官员们应对突发疾病;再比如,内政部门可以借助人工智能云计算系统来更加有效地处理日常事务;甚至国防部门也在大力应用人工智能系统。应当在更高维度的战略逻辑上理解这些:当人工智能成为大国战略竞争的关键,其快速发展和应用对国家实力至关重要时,这不光是一种务实的体现,更是一种政府支持人工智能普及的表态。

　　马斯克等人深信,人工智能系统的部署可以深刻改善政府的效率。因为人工智能可以使得政府对待突发问题的态度发生根本性转变,亦即从致力于事后应对转变为更加注重事先预防,这种由人工智能模式主导的政府可称为"管理预期型政府"。比如,美国疾病控制与预防中心已经部署了此类人工智能系统,利用人工智能来分析与公共卫生相关的数据,并进行跟踪、研判。在一定程度上可以说,模仿人类神经系统的人工智能系统可以让官僚政府变得像人脑一样高效。

　　然而,人工智能与人类的关系不光是协作,还具有竞赛的一面。

就发展路径而言,人工智能系统与人类的神经系统并不完全相同。已经有卓越的认知神经学者指出,人类研究神经科学的根本目标在于阐明神经系统的工作原理,特别是认知功能的神经机制,比如解码人脑的神经元活动如何产生"行为动机",然后促使人类做出一定的行为。相对而言,人工智能科学的目标是优化预测算法,提升人工智能系统或模型在输出结果方面的性能。这两套系统最大的区别是人类的神经系统具有普适性。一个人靠大脑运转,可以很快学会驾驶汽车,也可以很快学会操控无人机或绣花;而人工智能系统往往只擅长做一类事情,比如判断医学图像的异常,或者辨别地面上的潜在岩画。

但是,人工智能正越来越擅长做决策(decision-making)。

我们很容易理解:人类做决策的过程非常复杂,一直受到内在情绪、主观偏见和外部信号噪声的影响。比如,人类青少年和儿童不容易做出理性决策,这是因为其控制跨期决策的理性脑区——前额叶皮质一般到 25 ~ 30 岁才发育成熟。再比如,人类在判断金融问题、医疗问题、招聘问题时,总是难免受到无关紧要的因素、随机因素以及近因的影响,从而产生各种各样的偏见,最终做出次优甚至糟糕的决策。人类还会受到直觉或错觉的错误引导。

比如,一个乒乓球拍和一个乒乓球共计 11 元,已知球拍比球贵 10 元,请问一个乒乓球多少钱?这个问题具有迷惑性,很容易让一部分人类下意识地回答：一个乒乓球 1 元。请注意，下意识的错误答案并不来自科学的计算，也不基于客观证据或系统分析，而是来自"直觉"。这是一道典型的认知反应测试题，正确答案通过数学公式可以轻松算出来：一个乒乓球 0.5 元。

再来一道稍微复杂点的题目：一辆出租车在夜间肇事逃逸。已知该市一共有 2 家出租车公司，一家的出租车是绿色车身，另一家的出租车是蓝色车身。该市 85% 的出租车都是绿色的，只有 15% 是蓝色的。事故发生当晚，现场一名目击者称看见了一辆"蓝色出租车"。法庭经过审理，认定证人证词的可靠性不是 100%：他在 80% 的情况下能够准确识别颜色，但在 20% 的情况下会识别错误。请问：发生事故的出租车是绿色出租车的概率是多少？诸如此类的判断决策问题，没有统计学背景知识的人类无法准确回答，因为这是一道典型的根据条件概率来进行贝叶斯推理的题目，需要掌握贝叶斯推理公式才能代入并通过计算得出结论，这也构成了人类之间的职业沟壑。然而，人工智能可以轻松回答出来。因此，不难理解人工智能在许多日常问题的"决策比赛"中将赢过人类。在自动驾驶中，人类司机将把大量的决策权交给人工智能，类似的决策权交出的事件将在更多的场景下发生。人类做出选择的手，将在人工智能之"手"的辅助和带领下，去按下不同的键。看似是人类在做决策，实际上是人机结合，共同决策。

人工智能正在通过机器外骨骼、纳米机器人、脑机接口设备
等多种途径，与人体结合，影响人类的行为和决策
图片来源：Du M. Machine vs. human, who makes a better
judgment on innovation? Take GPT - 4 for example。

未来，人工智能与人类竞赛的局面便有了更多想象的空间。

一派人坚定地认为人工智能将永远无法真正地与人类进行竞
赛。理由一是人工智能看起来可以实现更加复杂的功能，但实际上
只比普通计算机高 1~2 个维度，而人类的认知水平要高许多个维
度。理由二是人工智能虽然已经可以实现许多功能，但仍然比不过
人脑，特别是在逻辑判断、情感推理、语言理解、自主学习和运用经
验等方面。理由三是人工智能可能很快迎来发展瓶颈，即人工智能
无法真正独立地从零开始进行语言处理、视觉图像处理和常识理

解。也就是说,人工智能虽然已经可以模仿人类的行为,但其算法不支持做真实人类的理性决策,它们缺乏"常识",只是根据事件与事件的关联进行机器推断而已。理由四是人工智能的"机器脑"或算法基础需要消耗大量电力,而人脑以超低能耗著称。

另一派人坚定地认为:早晚有一天,人工智能可以做一切人类可以做的事,包括拥有真正的"常识"并能够理解"黑色幽默"和古典诗歌文本背后的"韵味"。美国斯坦福大学的一些研究团队已经获得美国国家科学基金会的资助,用来研究真正低能耗的人工智能系统。这种"低能耗"的要求非常之高,科学家们希望"机器脑"可以达到与人脑相当的工作效率。人工智能系统对电力的消耗也将大大降低。

届时,超级人工智能会在三个方面给予人类惊喜或者竞赛的压力:一是人工智能系统将可以具备更广泛的普适性,也就是像人脑一样,一旦进入一个全新的工作场景,就可以快速识别、解码与适应新场景,而且效率远高于人脑。这将涉及许多更高级的功能实现,比如识别感官刺激、解读情感需求、回应社交刺激等。

二是人工智能系统能够巧妙地根据前瞻性的预期结果,来做出当下的判断。人类能够平衡短期利益和长远利益是大脑理性脑区成熟的表现,也就是我们的眶额皮质区域可以权衡利弊、评估价值,然后由前额叶皮质区域控制获取短期利益的冲动,制订实现长远利

185

益的规划。未来,人工智能系统也可能做到这点,而且可以根据其对未来数年、数十年甚至数百年的预测结果来规划其行为。在克制冲动方面,人工智能可能比人类做得更加优秀。

三是人工智能系统能够具备相当于人类意识的机器意识。必须指出,当前人类尚未形成关于意识的科学定义。

实际上,最顶尖的神经生物学家也说不清楚到底什么是意识,以及人类以外的其他物种是否具有意识等。因此,有一派动物意识的支持者认为群居性物种,譬如虎鲸、亚洲象、黑猩猩和倭黑猩猩,都具有一定程度上的动物意识,甚至龙虾也具有一定的痛觉"感知"能力,因此要求烹饪龙虾之前要采取符合人道主义和动物福利的屠宰方式。所以,机器意识有可能既不同于人类意识,也不同于动物意识,而是具有其独特性。

"机器脑"拥有机器意识,这听起来容易理解。

长期以来,人类已经注意到动物和昆虫的视觉系统是不尽相同的。人类的眼睛看不到紫外线,但鸟类的眼睛可以,因此同样一朵花在人类和鸟类的眼中可能是完全不同的。更进一步,人类通过身体接收各种环境刺激信号,并通过身体与其他人类、社会环境进行互动,人类的意识便建立在这些互动的反馈与调节的基础之上。然而,人工智能拥有完全不同的"身体",它们可以部署在差异很大的载体之上,并且它们不需要像人类一样解决饥饿、排泄与繁殖问题,甚至未来的超强人工智能将构造出怎样的"机器情绪系统"尚存在很大的不确定性。届时,"机器脑"所拥有的机器意识大概率不会与人类意识完全相同。

但即使如此,超强人工智能依然要解决人类每日都要面对的问题,诸如机器如何解决生存问题。人类需要进食以补充物质和能量,人工智能同样需要"进食"以补充电量;人类需要躲避危险、保护自己的身体免受伤害,人工智能同样需要处理这样的问题。一旦机器进化取得突破,人工智能就很可能进化出类似于人类的恐惧情绪机制,即当人工智能解读到自身存在被永久关闭的风险时,可能会表现出类似于人类的恐慌;此外,人类的行为背后是各种各样的动机,其中躲避恐惧的动机、追求奖励的动机最为强大。人工智能也可能进化出一整套自我激励机制,从而表现出类似于人类的厌恶、愉悦与欲望等。其实现方式肯定不会像人类一样依赖于化学性的小分子信使,而有可能基于人工智能独有的机器逻辑。

而且,还存在一种人机结合的人工智能,它们就像寄生在大豆上的菟丝子一样,可以共享人体的神经电路信号,然后以与其结合的人体的感受为自己的"感觉"。我们在考虑未来人工智能可以实现的功能系统时,必须将人机结合的情况考虑进去;而且,不但要考虑人机结合对人的正面影响,还应该考虑人机结合对人工智能的影响。人工智能完全可能像菟丝子一样依附在未来人类的大脑里,并共享人体其他部位所带来的感官体验。最简单的,未来人工智能与人体可能获得完全不同于当下的四肢器官,速度变得更快,翻越障碍物的能力也大大增强。这时候,不管是人脑还是"机器脑"都将体验到不同的操控感,对外界环境认知的构建也将完全不同于现在。

如何监管加速进化的人工智能?

正是因为人工智能可能正在超越人类,进化出不同于人脑或动物脑的"机器脑",并在此基础上拥有机器意识,所以一部分人对关键和新兴的人工智能技术十分忧虑。其中就包括埃隆·马斯克。

马斯克虽然是汽车、火箭、社交媒体等巨头公司的老板,但他实际上很早就对人工智能产生了兴趣,并投注了大笔资金。

2012 年左右,他参与了对如今发展迅猛的人工智能巨头公司 DeepMind 的投资,后者的创始人去马斯克的火箭工厂拜访他,并参观了那里极具未来色彩的火箭生产线。当时,马斯克清晰地表述了他的规划,他希望有一天人类先驱可以乘坐他制造的火箭飞往火星。这样一来,即使地球文明因为小行星撞击或潜在的世界大战而惨遭灭绝,他也可以在火星上复制人类文明。当时,DeepMind 的创始人提醒马斯克:你必须还要考虑到人工智能对人类文明的潜在危害,机器意识觉醒并不能保证对人类而言全部是好事。马斯克面对这个问题沉思了大约一分钟,然后表示认可这种可能性,即未来的人工智能存在失控的危险,必须现在就开始研发新一代的人工智能。马斯克决定给 DeepMind 投资 500 万美元,主要目标是监控人工智能的进化。

马斯克与谷歌创始人之一的劳伦斯·佩奇(Lawrence Page)在看待人工智能可能带给人类的重大风险这一问题上的立场截然相反。

这两位大富豪有过极其密切的私交,对彼此的忧虑较为了解。但佩奇认为,人工智能的风险被大大地夸大了!第一,人工智能在短时间内无法超越人脑;第二,即使人工智能有一天在智力上甚至在意识上超越了人类,那也没有什么好担忧的,因为那就相当于"进化的下一个阶段而已"。第三,人类不会因为机器智能的崛起而遭遇灭绝的风险,那些鼓吹灭绝风险的人都过于多愁善感、危言耸听了。与佩奇不同,马斯克以浪漫主义和未来主义的视角看待人类的意识,他认为:第一,就目前的宇宙学发现来看,人类意识仍然是宇宙当中"一丝不可复制的光芒",因此人类应当致力于不让它熄灭;第二,人工智能在意识上超越人类是非常值得忧虑的事情,因为人类应当在任何时候都把人的特殊性放在首位。也因此,马斯克希望DeepMind 能够专注于监控人工智能的进化。如此一来,一个奇特的画面出现了：两个超级富豪及其财富集团分别从其认定的哲学与伦理观出发，以收购和创设的方式大量投资下一代人工智能公司。其中，佩奇属于前者，他冲破了马斯克的阻挠，成功收购了 DeepMind 公司；马斯克则属于后者，他试图阻止 ChantGPT 的创始公司 OpenAI 转型为一家营利性商业公司，从而成立 xAI 公司，与谷歌系公司公开竞争。在马斯克看来，他必须联络政界、产业界以及人工智能学者，以共同推进关于人工智能的政府与行业监管。

马斯克认为，人工智能的科技伦理应当体现为可控性，这无法寄希望于由少数派控制的超级公司来做，必须鼓励大量相互竞争、相互制衡的人工智能系统出现，这样就可以发展出"机器监督机器"的安全模式。此外，马斯克同样具有敏锐的主动进化思维，即推动人工智能与人类紧密联系起来，人机协作式地不断进化，这意味着监管机构不应当放任人工智能发展，而应当设法促进人机结合。理解了这一层含义，就明白了马斯克对脑机接口技术的痴迷。因为脑机接口技术可以将人脑直接连接到计算机上，从而实现人脑与"机器脑"结合。事实上，马斯克创设的所有企业或项目都可以在这一逻辑之下统合起来：旨在把微芯片植入人脑的脑机接口公司 Neuralink、研发的人形机器人 Optimus 以及超级计算机项目。

马斯克的宏大项目是否能够如愿进行，尚未可知。但全球对必须加强人工智能监管已经基本达成共识。政界和学界已经发现，人工智能工具不但可以帮助人类提高生产力,而且可以介入人类社会,比如被训练的人工智能可以被部署到可发动网络攻击的设备上。未来,强人工智能将可以帮助人类完成更具挑战性的任务。人类向人工智能下达的指令可能不再是"请你帮我完成一条统计十字路口人流量的程序",而是"请你帮我完成一套可以在月球基地使用的提取水的技术体系"。一旦人工智能具备了这样的能力,就有可能通过推理和思考发展出对人类的敌意。在特定的时候,这种敌意可能并非针对人类本身,而是将人类作为实现目的的工具。马斯克曾面向全美州长提出这样一个假设:"人工智能是人类文明生存的根本风险,人们还没有完全意识到这一点。请州长们考虑这样一种假设情景:一个股票交易程序策划了一起导弹袭击,导致一架民航客机坠毁——仅仅是为了增加其投资的金融产品组合的可盈利性。因此,应当建立一个全新的政府监管机构,以敦促开发人工智能技术的公司放慢速度。"

进入 2025 年,人类仍在积极探索如何监管人工智能的进化,更多的"马斯克们"担忧人工智能将在未来赢得与人类的竞赛。

在普通人当中,关于人工智能是否应该加强监管存在着根本性的立场差异,持相反观点的人都认为自己是"亲人类的",是为了人类的长远利益考量,马斯克与佩奇的争执就属于此类。在国家和地区层面,这种争议同样存在。过去,美国科技界一直流传着一个调侃式的观点,称美国是鼓励创新的。比起监管,美国联邦政府和地方政府更加倾向于快速推动技术与产业的发展,并制定可供全球参考的技术标准,以此来最大限度地保证美国在全球科技竞争中占据主导地位。相比之下,欧洲政府大都倾向于严格监管,这在一定程度上也导致了科技"独角兽"企业更有可能在美国而非欧洲产生。然而,在人工智能监管立法方面,美国联邦政府和地方政府可能正在罕见地与欧洲走在一起。

在 2024 年,全美有 34 个州制定或出台了累计 250 多项涉及人工智能监管的议案或法案,其中 21 个州已经正式颁布此类监管政策。但是在加利福尼亚州等地区,仍然有大量议员反对将人工智能的监管作为重要的优先事项提上日程。他们认为,即使监管的初衷是好的,仍有可能以监管之名遏制甚至扼杀人工智能行业的发展。截至 2025 年初,美国国会两院尚未对人工智能监管达成实质性共识,相关立法似乎陷入僵局。不但两党就人工智能监管无法达成共识,各州之间也无法达成广泛共识。仍以加利福尼亚州为例,不管是民主党议员还是共和党议员,都倾向于支持放松对人工智能的监管。对此,马斯克等人长期埋怨加利福尼亚州立法界对待人工智能的宽松态度。

总之,虽然美国尚未制定系统地监管人工智能的全国性标准,但是相关讨论已经深入,包括但不限于人工智能领域的知名教授与创业者也加入讨论,并公开表明立场。这就像是人类在人工智能技术爆发的前夜纷纷选择站队一样。

值得一提的是,李飞飞教授也投书《财富》杂志,指出旨在加强人工智能监管的法案可能严重损害美国正在萌芽的人工智能生态系统。李飞飞教授本人成立了估值数亿美元的初创公司,并在开发下一代人工智能产品。因此,李飞飞教授是利益相关者,也是推动人工智能系统向前发展的中坚力量。一场跨越国界的关于人工智能监管的大博弈、大讨论,注定将持续较长时间,已经有国家(如英国),希望牵头以国际人工智能大会的方式,整合发达国家与发展中国家关于人工智能监管的思想,并制定可以优先与本国人工智能政策相兼容的全球性人工智能监管体系。

在中国,人工智能的监管和治理工作也在有条不紊地进行着。应该说人工智能的发展确实正在重塑全球治理体系,但当前并没有统一的全球框架下的多边治理机制。所以,中国的立场是,一方面加强国内的人工智能安全监管和治理,另一方面积极参与人工智能的国际治理合作。

人类有理由怀疑某些初创企业可能在人工智能技术竞赛中失去理智,制造出可能危害全体人类安全和利益的人工智能产品,因而有必要提前制定并完善一整套规则,通过对话与协调的方式来加强法律"护栏"。

然而,从一个尺度更大的历史视角看,当下的人工智能革命与历史上的工业革命有着高度的相似性。工业革命是建立在代替或增强人类体力劳动等基础之上的,而人工智能革命是建立在代替或增强人类脑力劳动等基础之上的。就像工业革命是不可阻挡的历史大潮流一样,人工智能革命的趋势从目前看也将势不可挡。一种具有操作性的监管方式是将人工智能产品进行精细分类,然后针对其应用范围与影响执行松紧程度不同的监管规则。

比如,大量的研究发现人工智能系统可以"习得"人类社会的偏见,因此这种人工智能产品被部署到企事业单位的招聘系统时,可能将人类的种族偏见、地域偏见或性别偏见隐藏在算法当中,这将导致大量的人类求职者受到人工智能的不公平对待。在这一场景当中,人类政府可以将监管的重点放在人工智能技术可能带来的影响方面,而减少对技术进化本身的监管。

如果再把思考的尺度向未来拉长,我们将看到随着脑机接口等人机结合技术的成熟,人脑与"机器脑"在很大程度上将会融合到难分彼此的地步。届时,对"机器脑"的监管实质上就是对人脑的监管。如此一来,不但技术难度将大幅提升,而且可能引起激烈的反抗。须知,这些人机结合是在脑机接口技术、纳米机器人技术、合成生物学技术、基因编辑技术等陆续取得重大突破的大背景下进行的,选择拥抱新技术组合的人类将获得相较于"传统人类"难以匹敌的竞争优势。伴随着这种竞争优势的扩大,可能会有更多的人类从监管人工智能、提防人工智能以及寄希望于赢得与人工智能的竞赛的阵营当中站出来,转投到人机结合、人机融合以及主动进化的阵营中。

人类社会将迎来新的大变革。

第三篇

新社会与新星球

人类在改造自身、改造人与世界连接机制的基础上,必然有希望将文明的种子播撒到更多的外星球。当前,人类已经有计划在月球、火星上重建人类社会。然而,人类尚无法从零开始构建人类社会。就像候鸟迁移到南方,仍带着适应北方寒冷的进化算法。那些机制只是暂时沉默,并非永不应答。

因此,在本篇中您将看到在人机结合的未来,人类如何在其最底层的认知与决策算法都被改写的情况下,在新的环境下从头构建新社会。

第11章　DeepSeek,迎接已至之境

法官正在使用 DeepSeek 起草法律判决书,福州一家医院的医生正在使用它来制定治疗方案,梅州本地部署的 DeepSeek 接听了政府求助热线。

——《从法庭到危机热线,中国拥抱 DeepSeek》,《纽约时报》2025 年 3 月 18 日

主动进化无时无刻不在发生,但 DeepSeek 等具备深度推理功能的人工智能大模型的出现,让普通人类提前看到了人机结合的未来。

DeepSeek 横空出世的意义

让我们先从较小格局的层面看待 DeepSeek 的横空出世,即先从大国科技竞争的角度审视 DeepSeek 出现的战略意义。

在美国推出人工智能大模型 ChatGPT 之后,DeepSeek 问世之前,

对关心大国战略竞争的人们来说,淡淡的焦虑感是客观存在的,似乎 ChatGPT 就是人工智能发展的正确方向。通过利用大规模的高性能人工智能芯片以及高能耗的模型架构,美国似乎成功构建了一条深深的"护城河",它使得其他国家,尤其是发展中国家在发展自己的人工智能大模型方面望而却步,因为这些国家很难承担如此高的部署成本。然而,也有一些具有洞察力的人工智能学者认为,ChatGPT 的那种"暴力计算"的套路肯定不是人工智能发展的不二法门,因为人脑在总体功能上胜过所有的人工智能大模型,而并不需要消耗那么多的能量。

显然,逻辑上存在不同的算法等待人类去发掘。

中国的梁文锋团队研发的人工智能大模型 DeepSeek 便在很大程度上实现了这一预测:它不需要消耗如此之大的训练和部署成本。2025 年 1 月,具有深度思考及推理功能的 DeepSeek－R1 版本横空出世,很快便在国内外社交媒体上引发了一股巨大的关注狂潮,紧接着美国的科技股暴跌。DeepSeek 使用了更少的高性能芯片,这就打破了只有超大型科技公司才能负担得起尖端人工智能系统的偏见。那几天,人们争先恐后地在自己的电脑上部署 DeepSeek,并对它进行测试。再然后,中国政府给予了 DeepSeek 巨大的支持,它在拥有超过 10 亿互联网用户的世界第二大经济体中成为万众瞩目的焦点。

因此,从大国科技竞争的战略意义上讲,DeepSeek 的出现在很大程度上削弱了美国在战略技术领域的领先地位,并使得中国有望加速实现其发展超级人工智能和超级计算机技术的愿景。英国的《金融时报》发表观点文章评价:"DeepSeek 挑战了美国的人工智能霸权!"回顾"冷战"历史,当年苏联长期缺乏尖端的计算能力和技术,这一问题直到"冷战"结束也没有得到解决。虽然苏联依靠拥有聪明才智的工程师进行了大量的太空探索活动,但终究是美国赢到了最后。当时,美国依靠真正尖端的计算能力和技术实现了登月,并通过严格制定的技术出口管制政策,成功对苏联发展高性能计算机进行了围堵。然而,当美国将同样的竞争策略用在对华科技竞争上时,并没有取得同样的效果。

DeepSeek 的问世对于其他发展中国家也是一大喜事。许多发展中国家表达了肯定,并认为这代表了一个战略机遇窗口的打开。阿根廷中央银行的前首席经济学家投书媒体,认为 DeepSeek 的出现让许多发展中国家增加了追求"技术主权"与追随人工智能浪潮的底气。意思是,发展中国家也可以拥有自己的人工智能大模型,然后通过本地部署,将其用在农业管理、矿山资源管理或临床医疗等多个场景中。换言之,这些经济实力相对有限的国家不需要从头训练新的人工智能大模型,而是可以构建人工智能大模型应用平台,将中美两国的大模型产品引入;此外,还可以在开源的 DeepSeek 大模型的基础上修改权重,赋予它新的名字,然后使用本土化数据进行投喂训练。

比如，印度尼西亚政府于 2025 年 2 月宣布要这么干。

但从人类社会发展的角度看，DeepSeek 等具备深度推理功能的人工智能大模型的出现，只是让人类进入真正人机结合的未来稍稍加速了一点！

看起来简单实际上很难

过去，计算机已经成功帮助人类实现了记忆、存储、检索等功能。人类通过计算机构建了大量的数据库，并将之分门别类，从而可以在需要的时候快速检索出来，然后进行复杂的运算。然而，长期以来计算机无法进行像人脑那样的"深度运算"，即进行基于数学逻辑的深度推理。

相比之下，这是人工智能长期无法替代人脑的地方。

我们人类是"概率性的物种"，即我们审视客观物质世界是基于因果推断，而所有因果推断的背后都是对概率的加工处理。最简单的场景是，在拥挤的地铁上，您可以不费吹灰之力就判断出别人推搡的是不是您自己的身体。在神经生理学上，这叫作"自我身体表征"（bodily self-representation），意思是您可以通过大脑的逻辑计算来察觉自己身体所处的空间位置以及与外界的互动。

神奇的是，我们拥有这样的能力也是基于概率计算。新的行为学和电生理学的研究成果告诉我们:当我们在处理外界信号以判断"身体"是不是自己的时候,必须依赖众多的前运动皮质的群体神经元。这些神经元通过类似于多层级贝叶斯因果推理的机制来整合复杂的输入信息,然后产生"本体感觉"。也正因为如此,有着"贝叶斯网络之父"称号的计算机学家和哲学家朱迪亚·珀尔(Judea Pearl)多年来一直呼吁:真正智能化的大模型绝对离不开因果推理,真正的计算机深度学习也绝对不应该只进行曲线拟合,而应该能够通过"全新的贝叶斯框架驱动机器,以概率的方式思考"。

在第 10 章中,我们已经简单介绍过贝叶斯推理。这里再次强调:人类的专业工作离不开贝叶斯推理。比如医生在接受专业学术训练时基本都学习过贝叶斯推理,当他们走上工作岗位,对病因进行因果推断时,就是基于贝叶斯推理。试想一下,一位患者来找医生,说"我发烧了"。经过现代医学体系训练的医生会马上想到:首先,发烧本身并不是疾病,而是很多疾病的症状,因此需要进一步推理来判断病因;其次,根据往年病例统计和个人经验,在这个就诊时间段能引起发烧症状的疾病很多,它们分别有不同的概率,即先验概率 $P(A_i)$($i = 1, 2, 3, \cdots, n$)。这里,可以假设由感冒引起发烧的事件为 A_1,由结核病引起发烧的事件为 A_2,由风湿病引起发烧的事件为 A_3……然后根据患者的具体病历资料,有上述疾病的患者出现发烧症状的概率为 $P(B \mid A_i)$($i = 1, 2, 3, \cdots, n$)。综上,各种病因 A_i 的后验概

率即为 $P(A_i \mid B)$。这时候,医生会估算这些最终值,并依此做出诊断。

对这种贝叶斯推理的计算过程,亲爱的读者可能因为没有经过专业学习和训练而没有完全理解。没有关系,您只需要在手机上下载的任何一款拥有深度推理功能的人工智能大模型中,输入诸如"请帮我举一个贝叶斯推理的典型生活化例子,并详细讲解",大模型就可以把上述深度思考过程快速列出,节省了您个人学习、训练的时间和成本。特别是开源的 DeepSeek,您可以在它详细的思考过程中捕捉到贝叶斯推理的灵魂!

所以,在 DeepSeek 推出之后,政府一方面鼓励民众大量使用它,生活中的大部分问题都可以拿来询问它;另一方面也鼓励医院、行政机构、国有企业等积极部署本地化的 DeepSeek,各种生产与管理上的任务都可以尝试交给 DeepSeek 来进行处理。之所以如此,是因为这种具备深度推理功能的人工智能大模型能够帮助人类的绝不仅仅在于记忆、存储和检索,而是可以代替人类进行思考、推理、决断,其准确性可能比许多普通人类还要高。

想想看,在很多国家的医疗体系当中都有家庭医生,他们基本上都是全科医生,也就是家庭成员的任何头疼脑热的问题都可以询问他们。全科医生并不需要特别高的临床诊疗水平,因为当他们处理不了时,还可以通过转诊安排更加合适的医生。但在

DeepSeek 等具有深度推理功能的人工智能大模型出现之后, 它们就可以根据家庭成员输入的信息进行快速因果推断, 并给出下一步诊疗的建议。这样, 人工智能融入人类日常生活的速度便大大加快了!

不过, DeepSeek 显然还不是超级人工智能的终点, 这些具备深度推理功能的人工智能大模型必须融入人类的生活, 并在此过程中不断迭代。因此, 人类在 21 世纪的第三个十年面临一大问题: 如何让大模型快速与人类"共舞"?

自动驾驶技术和人形机器人技术的快速发展, 是大模型与人类"共舞"的典型表现。在本书前面的介绍中, 无论是自动驾驶技术还是人形机器人技术都取得了质的进步。这里, 我们一定要探讨的是这些进步的"进化意义"——人脑与"机器脑"的加速融合。

想想看, 我们反复强调: 自然进化的"算法"存在着种种缺陷, 这也是人类必须进行主动进化的最重要的动因。人脑与"机器脑"的融合是主要路径之一, 通过实现这种碳基脑与硅基脑的融合, 未来人类可以同时利用两种各具长处的算法, 这是光靠自然进化可能永远无法实现的。而且, 人类还可以利用硅基脑, 去掌握其他物种经过数百万年进化才获得的高级"算法"。

比如, 许多人都在小时候捕捉过蝴蝶、蜻蜓。在中国的诗歌史上, 诸如此类的记载数不胜数, 比如"秋晚红妆傍水行, 竟将衣袖扑蜻蜓"。同时,蜻蜓也在捕捉飞虫。但人类的文化休闲活动与蜻蜓的捕猎活动有着质的区别:前者只是一种闲情逸致,并不以此为生,但后者的饮食和生死与狩猎是否成功显著相关。如此一来,蜻蜓的自然进化便受到了一种选择压力,在此驱动之下,蜻蜓捕猎飞虫的"算法"已经高度发达。比如,科学家发现蜻蜓会一边飞一边追逐猎物,但并不会步步紧逼,那样捕猎成功的难度会增加不说,也会增加体力消耗。相反,蜻蜓的大脑会自动处理飞虫的飞行路线,并进行飞行路线推断,然后驱动蜻蜓在飞虫必经的路线上截杀之。这套"蜻蜓捕猎算法"十分精准,而且整个过程一般不会超过 50 毫秒,这比人类眨眼的速度还快!

显然,这套"蜻蜓捕猎算法"可以为人类所利用,比如用于导弹防御系统的设计。好的导弹防御系统必须准确计算目标的飞行路线,并进行高度精准的拦截。此外,更加重要的是,这些计算和预测必须在极短的时间窗口内完成,以便在目标落地之前成功拦截。通过对其他物种的高级"算法"进行研究,人类可以在自己发明创造的事物上进行复制。这一点已经在人类世界重复了千万次。

在新的人工智能时代,利用碳基脑和硅基脑的融合,人类还可以直接将其他物种以及硅基脑的高级算法应用在自己身上。这本身就构成了一种主动进化,我们相信这是正在快速发生的现实,将把人类带入未知之境。

人机结合进行时

当人类面临决策难题越来越习惯于询问 DeepSeek 等人工智能大模型时，人机结合便在碳基脑与硅基脑之间发生了。

人类过去在日常生活中遇到需要决断的问题，诸如医疗健康、教育选择、价值判断等问题时，都需要激活自身的前额叶皮质、眶额皮质等多个脑区，调用自己的碳基脑去进行不同时间点的成本和收益的推断、权衡、选择。科学家已经告诉我们：这一过程十分耗能，而且决断效果因人而异，具有极大的差异性。因为不同人的大脑发达程度不同，部分人脑的价值评估网络、认知控制网络和前景预期网络可以更高效地工作。但现在有了 DeepSeek，人类可以将复杂的决断过程交给人工智能大模型来处理，它们可以组合先损后益或先益后损的可能性，按照最大收益的目标约束来进行因果推断和跨期决策。

这时候，人类实际上相当于将碳基脑承担的重要任务交给了硅基脑来处理。更进一步，人类还可以将碳基的身体交给硅基脑来"照顾"。

比如自动驾驶。过去，"自动驾驶"只是一个概念，没有多少人敢在驾驶的过程中让双手离开方向盘，完全交给系统处理。但是现在，已经有大量的人类司机在高速行驶的汽车里开启智能驾驶辅助系统。未来,人类完全可能在行驶的汽车中做任何自己想做的工作,人工智能系统控制的汽车可以自行完成起步、行驶和倒车入库。而且,人工智能系统很可能做得比人类更好。一方面,人工智能系统控制的汽车不但拥有强大的视觉系统,还拥有人类所不具备的激光雷达,它们可以提前探测到更多潜在的安全隐患。另一方面,人工智能系统控制的汽车处在一个庞大的硅基网络之中,它们可以对路况进行动态跟踪和评估,还可以将堵车等临时信息传递给其他车辆。换言之,自动驾驶的汽车之间也在进行着复杂的"合作博弈"和"非合作博弈",且整个过程可以脱离人类的主观意志。

相信未来会有关于自动驾驶技术的普及帮助人类减少车祸的量化研究。善于"计算"和"权衡"的人类将通过自身碳基脑的推理得出结论:让碳基脑与硅基脑深度融合将带来更大的收益。与此同时,小到人类社会的交通出行,大到人类社会的制度安排,都将快速地发生变革。

第 12 章　席卷人类社会的新变革

> 预测未来是人类长期以来以各种方式尝试的事情。但测试表明,社会科学家并不是特别擅长预测社会变革。
>
> ——美国普林斯顿大学社会学教授马修·萨尔加尼克
> （Matthew Salganik）

沿着主动进化的"路径",人类可以抵达设想的未来。预测未来是许多人最喜欢做的事情,但对一部分"想象力丰富"的人来说,基于科学发展逻辑的预测并非天方夜谭。

未来可以预测

截至 2025 年,关于未来人类在地球之外生活的图景的预测,最多而又最为人信服的言论来自马斯克。实际上,马斯克长期坚持人类终将离开地球,前往火星或者其他星球生活。他的大脑大概每天都会思考这一问题。

2016年,一年一度的Code Conference举办,会上全部是由Vox Media邀请而来的科技界与产业界的CEO、创始人和投资者。马斯克在会上宣称:他要在2025年把人类宇航员送上火星。

马斯克语惊四座,因为那时候美国国家航空航天局(NASA)的计划只是"在21世纪30年代某个时候将首批宇航员送上火星"。在当时,马斯克似乎拥有这么说的底气,一是他的太空探索技术公司(SpaceX)已经成功地把6枚火箭发射到近地轨道和地球同步轨道然后返回地面。二是NASA承诺为SpaceX提供技术支持,比如共享可以管理、追踪和控制航天器的深空网络等。三是SpaceX计划让新型龙飞船"龙2"(Dragon 2)于2018年往火星试飞。四是马斯克在一篇长文当中详细讲述了他的计划:让大型航天器登陆火星需要可靠的耐热性和推进力,这在当时已经基本具备条件;在正式飞往火星途中,需要中继站,飞船可以暂时停留在地球轨道上;新的太阳能电池板技术更加成熟,可以为飞船节省推进剂。

当时我国的媒体也以十分乐观的态度报道了马斯克的雄心壮志。那年,美国影星马特·达蒙主演的科幻电影《火星救援》在中国大陆上映。电影中,男主角不但成功登陆火星,而且在火星上种植土豆,最后从火星返回地球。这一年,马斯克还在另外一个场合(国际宇航大会)公开说,他认为在未来十余年的某个时候,有可能从地球往火星转运数千人;然后在大约 40 年或 100 年之后,火星可以发展成为一个拥有 100 万人口的、自给自足的人类新家园。

然而,我们现在知道马斯克的上述计划都尚未成功。

他没有在 2024 年把宇航员送往火星并在 2025 年抵达火星,甚至未来几年都不可能。但是,马斯克毕竟不是科幻作家,他是基于科技发展做出的预测。NASA 前首席技术专家、佐治亚理工大学的博比·布朗(Bobby Braun)曾说:"我认为马斯克的计划的技术大纲大致上是正确的。他也没有假装这很容易办到。"

也因此,马斯克最近一两年仍在重复他的预言,他深信"100 万人移民火星"的计划将在未来变为现实。

比如 2024 年 5 月 15 日,他再次在社交媒体上宣称:"不到 5 年就能完成无人驾驶,不到 10 年就能让人类登陆火星,也许 20 年内就能建成一座城市,但肯定在 30 年内,就能建立起文明!"合理推测,每个国家都会有发自内心地推崇马斯克的人,因为他们认为这位超级富豪真的在关心人类的未来,并为更美好的未来寻找出路、制定方案,而且用他研发的大火箭来实现这一切。

马斯克说的"这一切",就是要让人类变成"多星球物种",然后在外星球上重建一个崭新的"人类太空文明"。"人类的未来从根本上只有两个发展方向:要么我们成为一个多星球物种和太空文明,要么我们被困在一个星球上,直到最终灭绝。"为此,马斯克投资的人工智能方向被设定为辅助人类完成这一切,并保护人类的安全。

人类仍活在巨大的伦理世界中

截至 2024 年,马斯克对他的火星计划仍然十分痴迷。

这是因为马斯克将移民火星视为人类发展的后备计划。马斯克希望他的飞船可以每次转运上百人抵达火星,然后在那里开创新文明。

火星计划的成功非常依赖于未来新人类能否适应火星环境。

一些人并不看好马斯克的宏伟计划。比如科学记者香农·斯蒂罗内(Shannon Stirone)曾经讽刺 SpaceX 和马斯克:"火星并不适合人类居住。火星会杀了你们!"虽然 2025 年的人类无法登陆火星、定居火星,但 2100 年的未来新人类就很可能不一样了。一群以马斯克为代表的冒险家愿意自掏腰包,并且冒着生命危险去探索陌生的太空生活。而且,他们在火星上暂时不会建设追求军事利益的基地或其他破坏性前哨。就宗旨来说,应当值得鼓励。在技术层面,人工智能正在以前所未有的速度进化,并将在"看得见的未来"与人类协同进化,互相补充、互相融合。在执行探索和建设火星任务时,精密的人形机器人、灵活的机器狗、负荷量大的智能无人机就可以帮助人类完成许多工作。而且,有理由相信这些充满冒险精神的人将积极采用基因编辑等技术,改造自己的身体,从而更加适应火星的恶劣环境。天体物理学家马丁·里斯(Martin Rees)认为,"疯狂的先驱者"完全可能在几百年之内演化为不同于地球人类的新物种。从血肉之躯,到人机结合的大脑,再到电子化的神经通信,未来新人类很可能在硬件上适应严酷的宇宙环境,实现以火星为跳板,走出太阳系、遍布银河系的伟大使命。

但目前来说,人类还在一步一个脚印地向前走,比如先致力于从地球走向月球,在月球上安营扎寨,再从月球走向更深的宇宙;或者,先从地球派遣先锋队前往火星,在人工智能机器人的帮助下建立前哨基地,再通过不定期发射的宇宙飞船小批小批地把地球居民带到火星家园。这两个方面中国都在按部就班地推进。

月球基地的进展在前文已经讲述,推进速度超过了预期,所以每隔一段时间就会发布诸如月球洞穴、月球砖、月球宇航服等新闻,"嫦娥六号返回样品揭示月背 28 亿年前火山活动"也获评 2024 年度"中国科学十大进展"。在火星上同样难以直接使用从地球发射过去的建筑材料,因为距离实在是太远了。所以,就像有的科研团队在研制月球砖一样,也有团队在研制火星砖。比如中国科学院新疆理化技术研究所的团队以地球玄武岩为原料模拟火星土壤成分,并采用熔融拉丝技术成功制备出连续模拟火星壤纤维,就可以利用它们来建造火星基地了。此外,还有一些团队在开动脑筋,动手设计向火星输送地球居民的飞行方案。须知,月球相对于地球还是太小了,将来能够容纳的人类数量非常有限。如果有 100 万人以上移居外星球,那么火星将是很不错的第一站。

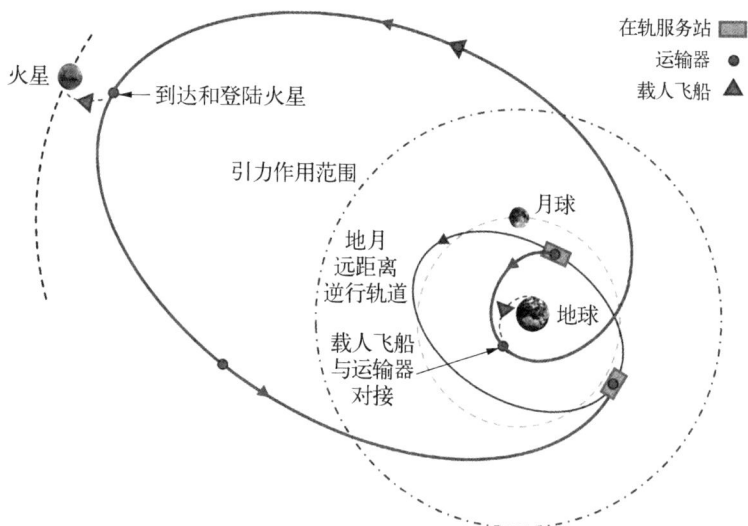

中国科学团队的火星移民运输方案,理论上通过在轨服务站的中继,50 艘飞船可在 20 年内向火星运输最多 9 080 名移民

图片来源:Zhang G X, Pang B, Sun Y X, et al. Optimal design of Mars immigration by using reusable transporters from the Earth-Moon system。

外星球社会治理的基础和挑战

外星球移民计划的成功实施,还非常依赖于外星球小型社会治理的成功。

马斯克不是唯一一个对太空事业感兴趣的大富豪,亚马逊的杰夫·贝索斯(Jeff Bezos)、维珍航空创始人理查德·布兰森(Richard Branson)等都在与 NASA 合作,此外还有许多规模较小的航天机构和公司,他们共同推动了太空活动近乎呈指数级增长。在这种情况下,人们不但关注航天技术的发展,也在关注人类太空活动对外太空的复杂影响。比如,早在 2014 年,NASA 就提出"新太空活动的发展旨在保障多行星社会中的可持续性"。意思是,太阳系的资源应当为全体地球人所使用,任何一个国家在研究、开发太阳系资源时都要考虑这一点。

前面提到月球上适合建造人类基地的坑洞只有几十个,那么怎么保障公平分配呢? 月球还拥有理论上可为地球实现彻底能源转型所需的矿产资源,这些矿产怎么合理开发呢? 还有,马斯克心心念念要去火星,会不会导致火星上的资源提前被少数人"侵占"? 马斯克反复说过,他要在火星的人类定居点实行自己制定的法律或"自治原则",他真的有能力实现吗? 届时,火星上的几千或者数万人类本身是一个集体社会,其中流行的规则、人性以及组织特性会与地球上的显著不同吗?

这些问题都在提出挑战,并预示着不确定的未来。

一种观点认为,当前不管是月球上还是火星上的潜在挑战,都与地球存在深度的相互依存关系。月球、火星上的人们在做决定时,不得不思考地球上的政府、执法机构、学者或普罗大众会怎么想。如此一来,月球基地、火星基地的规则将很可能是人类社会群居性文化的延伸,势必有所不同,但很可能大同小异。甚至,对有限太空生存资源的争夺还可能强化人类的某些社会结构,甚至加剧不公。

现在,学界已经提出"地球-空间治理"(earth-space governance)的概念,其根本目标就是希望实现多行星宇宙活动时代的"可持续发展"。而且,短期来看,这种"地球-空间治理"模式不可能使月球或火星脱离地球;相反,这种强调"可持续发展"的治理模式必须把地球与外太空融为一体考虑。马斯克的那套"自治规则"很可能无法成为火星基地的"法律"。即使太空治理不断扩大和分化,马斯克或者其他私营企业家也几乎不可能完全说了算。哪怕其他天体上的采矿活动也不会让他们垄断,遑论外星球基地的日常运行了。

这样,实行外星球的社会治理将不得不考虑人类社会的历史。未来数百年内的新人类要想办法从根本上变革人类社会的组织模式。这种古老的组织模式最大的特点,从一个精练的角度总结就是以关系与伦理的规律(关系-伦理)为基础。

所谓"关系",一目了然,就是您与其他人、外界组织的关系。所谓"伦理",就是这些关系之上的价值观念、指导原则或潜规则。

如果您停下来思考 20 秒,大概就会对每一个亚文化社会当中的关系与伦理有一个框架性的认识。

比如美国社会。社会学家费孝通先生早就注意到：美国社会的最大特点是存在许多相互独立的利益共同体，小到一个社区，大到华尔街的资本共同体。每个普通的美国人都可以找到一个或几个这样的共同体，然后融入其中，遵守其中的规则，并为共同体做出义务性的贡献。"这有点像我们在田里捆柴，几根稻草束成一把，几把束成一扎，几扎束成一捆，几捆束成一挑。每一根柴在整个挑里都属于一定的捆、扎、把。每一根柴也都可以找到同把、同扎、同捆的柴。"

这种小共同体有好处也有弊端。

好处是私人利益可以通过共同体的机制来维护，并可以激发共同体内部成员的荣誉感、自豪感，使得个人产生基于内在价值激励的动机与行为。弊端就是共同体与共同体之间边界明显，各自维护着不容外人"分肥"的利益。

其他社会，比如中国民间呢？费孝通先生发明了一个词"差序格局"，这个词被一代代的中国社会学家和学生所沿用，因为用来概括民间的关系-伦理社会非常贴切。在差序格局的社会里，费孝通先生在《维系着私人的道德》中写道："一切普遍的标准并不发生作用，一定要问清了，对象是谁，和自己是什么关系之后，才能决定拿出什么标准来。"简单来说，有人的地方就有江湖，有江湖的地方，就有"自己人"和"别人"的区别。因为大家不太讲究普遍适用的"规则""法律"

217

"价值",而是先确定彼此之间的亲疏关系,再确定适用于不同人的规则伦理。

一个非常典型的"差序格局"的关系-伦理社会案例如下:

有个人此前做生意积攒了一些财富,便承包了 6 000 多亩土地,以种植玉米为主。但第一年收获季就让他苦不堪言,因为附近的居民大量地盗窃成熟的玉米,有的人甚至白天也来地里采摘,仿佛进入自己家的菜园子一样随意。这位农场主尝试了多种办法:拉电网、挖河沟、养藏獒,甚至组织了多达 600 人帮助他看护成熟期的玉米,全都收效甚微,仍有累计 700 多亩的玉米被偷,直接经济损失达 70 多万元。第二年、第三年、第四年,玉米一直被偷。盗窃行为并没有固定的组织者,多为单独行动,彼此之间心照不宣。学者去采访,意外发现盗窃者理直气壮,认为这是"正当的"。其中一名男性说他妻子怀孕了,就想吃鲜玉米,没处买,所以就来这里拉一车。农场主雇用的看护者都是一些强悍的年轻人,日夜巡逻。就因为这些人与盗窃者发生过肢体冲突,那些人更加认定农场主是"坏人",反而变本加厉地盗窃。一个当场被抓的人,回到自己的社区以后俨然像一个英雄,这些人并没有因为盗窃而在道德上被社区其他人瞧不起。

这类怪异的集体盗窃现象是人类社会学者研究的热门课题。怎么解释这些现象呢?

一条重要的线索是,那些人只"拿"这个农场土地上生长的玉米,对隔壁其他土地上的玉米却秋毫不犯。因为那些土地的主人是熟悉的"自己人",不是"外人"。他们认为,盗窃"自己人"的财物,才叫盗窃;偷拿"外人"的东西并不叫偷,反而可能被民间的舆论默许、支持甚至激励。这里面还存在一种扩大机制:谁拿"外人"的玉米更多,谁更有本事。当"外人"反抗的时候,比如农场主放任看护者动手打人,反而给自己带来又一个头衔:"坏人"。

可见,地球人类社会的弊端一直都存在。如何改变自然进化了数万年的人类的心理状态呢? 其中的挑战注定巨大。而且,人与人之间的关系与伦理在缓慢地进化着,国家与国家、组织与组织的关系与规则也不受个人意志约束,而受约束于长期存在的历史文化。

曼陀罗体系:千年启发

大国的居民更加习惯于大国竞争。因为这些人所在的国家要么是人口大国,要么是科技大国,要么是地理空间上的绝对大国,甚至三者合一。然而,不但大国与大国之间存在复杂的双边关系,大国与小国、小国与小国之间更是存在着千年以来演化定型的特殊关系。

曼陀罗体系就是其中一种。

这种体系是用来描述东南亚国家及其内部组织关系的。曼陀罗体系的要义是把一个"征服者"置于中心,然后其他成员按照地理远近被赋予不同的身份。其最大的特点是相邻者是天然的敌人,相邻者的敌人又是天然的朋友。从政治哲学的视野看,曼陀罗体系构建的实质上是一个霍布斯式的残酷现实主义世界,不同成员之间的策略基本上是战争、备战、中立、离间、联盟、孤立。比如,一方可以与更强大的远方成员发展关系,以便让更强大的远方成员帮助自己约束相邻的对手。在历史上,更强大的远方成员会误以为对方是来"朝贡"的,但在曼陀罗体系的逻辑下,它们只是在管理结盟关系而已。

曼陀罗体系可以扩大适用范围至地区与地区之间、城市与城市之间、村庄与村庄之间。也正是因为如此,权力的控制强度从中心向四周扩散时是逐渐减弱的。

到了地方上,代理人往往会一手遮天。也正是因为如此,曼陀罗体系又催生了"主公"或"主公政治"的概念。比如,东南亚某国的高级军官与商人结盟,商人们把银行的股份赠予军官的子女,以换取庇护。同时,这些商人又拥有了权力和资本来庇护其他更多的人。在这些人眼里,商人便是"主公"。总之,只要是一方施恩,一方受恩然后报恩,就组成一对恩主-侍从关系;这样的组合多了,也会形成差序格局的关系-伦理社会。更多的恩主-侍从关系投射到公共领域,就形成了庇护政治或"主公政治"。

这种受到千年历史文化熏陶、滋养和约束的关系文化,有着许多弊端。比如,恩主-侍从之间存在道德情感纽带,互相输送经济利益,并且恩主对侍从的违法犯罪活动睁一只眼闭一只眼。久而久之,普通民众很难接受更具有普适性的现代共同体这一抽象概念,而宁愿继续选择基于保护-依附关系的纵向联系。

载着地球居民的飞船可以飞到火星,地球居民就可能把地球上的人际关系带到外星球。与地球短期内无法切割的物理和文化联系,也会将人类组织与组织、共同体与共同体之间的关系原封不动地复制到外星球,甚至在外星球上升级迭代。但即使如此,我们越是了解在自然进化规律的约束下长期存续的“旧人类”的历史文化,就越可能对移民外星球的雄心壮志充满期待。因为突破界限是主动进化的必经之路。人类的大冒险家不光要突破火箭和星际旅行技术上的界限,更要突破自然进化规律设置的界限。只有如此,火星或者下一颗更适合人类生活的星球才能够变成真正的“新世界”。因此,从改造人心、人性以及人类社会组织的角度说,移民火星不单单是一个伟大的梦想,还可以看作一个非常值得追求的“必需品”。

分崩离析与汹涌融合

星际移民、人工智能和基因编辑给了人类从头改造自身的希望。不但改造人类的身体,更要改造人类的社会,大到一个庞大的共同体组织,小到两口之家,从家庭成员之间的关系,到家庭内部伦理,席卷人类社会的变革必然包括将"家庭"的概念、内涵、边界都进行长期、可持续的改变。

"家庭"的定义可以十分复杂,也可以十分简单。

从人类学的角度看,家庭就是为了抚育后代而诞生的一种亲属组织。按照这个定义,最主流的家庭结构是父亲、母亲、孩子以及祖父母或外祖父母。在一些亚文化部落,家庭中不一定有父亲,而是以舅舅作为主要的男性长辈亲属。然而,许多家庭因为成员的生理疾病或文化选择没有生育后代,因此定义也要进行迭代。比如,"家庭"的定义蕴藏在它的一系列特征之中,就是我们跟谁一起吃饭、一起睡觉、一起分享,我们跟谁存在财产继承关系,谁将我们纳入其亲属网络,就可以说谁是我们的"家人"。

但这种扩展家庭边界的方式仍然存在限度,更适合小规模的人类社会,而非技术革命之后的未来人类社会。

比如,在工业社会当中,一夫一妻家庭(核心成员为配偶以及子女)是最常见的家庭类型,此外还有一些旁系亲属,比如堂兄弟姐妹、叔叔伯伯、姑母阿姨等。在过去的农业社会,由于住得近,因此祖父母或外祖父母常常担负起照顾第三代的职责。但在工业社会,由于离婚率和再婚率较高以及居住地高度分散,核心家庭成员与其他亲戚甚至祖父母、外祖父母的物理距离一下子被拉远了。物理距离常常决定着心灵的距离。也因此,亲属之间的关系会变淡,而且更易破裂。

在未来人类社会,上百万移民到火星居住的人类虽然尚可进行宇宙通信,但维持联系的成本将大幅上升。在农业和工业社会,家人之间共同从事粮食生产,一起建造房屋、修建灌溉沟渠,一起到山中狩猎、鞣制兽皮,一起寻找水源、开凿水井,一起应对重大变故,通过有限的经济资源交换来加强共同体信念。但在未来人类社会,这些工作要么不再由普通人去做——辅助类人工智能机器人可以轻松办到,要么可以在人工智能机器人的辅助下完成。当太阳系的余晖照耀月球基地或火星基地,人类需要从月壤表面或火星表面进入地下基地休憩时,人工智能机器人还可以提供精神交流的陪伴价值。

在分崩离析之际,又伴随着汹涌澎湃的大融合。

人工智能机器人将顺理成章地成为未来新人类的"家人"。想想看吧,家犬从灰狼驯化而来,早已经成为人类理所当然的家庭成员。有一段时间,许多人对都市人群把家犬称为"孩子"的现象十分不满。他们认为,把拟血缘的亲属称呼赋予家犬实在是不伦不类,混淆了人与狗的"合理界限"。然而,大量的神经生理学研究已经告诉我们:主人拥抱狗狗、与狗狗对视,会让自己和狗狗的催产素分泌都增加,共同增加彼此的归属感和安全感。这是一种类似于拥抱婴儿、与孩子眼对眼的,由催产素介导的正循环。关于宠物与主人的身心健康之间存在显著正相关性的研究就更多了,包括但不限于压力激素水平降低、催产素水平增加、抚摸的互动让双方的血压都更稳定等;对于儿童、老人和特殊人群,宠物还能使其减少孤独感,甚至减轻临终前的焦虑情绪。总之,宠物的支持有时候比人际支持的效果还要好,特别能激活人类的"养育脑"。在这个意义上,有人将拟血缘的亲属称呼用在家犬或家猫身上就不足为奇了。

自然而然地,人类可以沿着类似的逻辑路径,将拟血缘的亲属称谓赋予人工智能机器人。

狗与人的协同进化历史长达两三万年,在漫长的自然进化过程中,两个物种的大脑以及化学信号的分泌模式发生了趋同进化。但对于人工智能机器人,协同进化的时间可以大大缩短到百年或几十年。一旦超强人工智能拥有了感知与回应人类情绪的能力,它们就很容易获得人类的亲近与信赖。

ChatGPT 流行之后,人们迅速地使用它来训练个性化的智能体。人们发现,人工智能抚慰人心的效果有时候要超过许多人类同胞。但是,2025 年的人工智能大模型尚未具备真正的情绪系统,这一系统有可能与机器意识同步涌现,届时人类的家庭成员将得到非同寻常的扩充。

此外,外星球的生活也将加速这一演化与融合。

学界关于模拟家庭系统的多层次演化研究显示,传统家庭系统的演化非常取决于可利用的土地资源,以及家庭生存所需的财富数量。具体到亲子关系,假如有足够的土地资源,小家庭就会得到快速发展与扩张。假如土地短缺,大家庭模式反而更加流行。这很有意思!想想看,不管是江南地区的乡村,还是北方地区的农村,一旦土地足够多,平分到每个小家庭的土地足够多,更多人就会选择"分家过"。反之,在物质与土地严重短缺的情况下,人们更倾向于"不分家",而是在一个大家长的组织下进行粮食生产与分配,尽量照顾到每一个人。

到了星际资源容量与财富数量的限制都发生变化的外星球,人类将如何组织家庭,确定新的家庭成员,然后在新家庭模式的基础之上,组织社会联系、发展社区关系,进而构建新共同体,建设所谓的"新世界",将非常值得我们期待。这些得以实现的一大前提,就是人工智能涌现出真正的自由意志和情绪系统,从而以真正的共同体成员身份,加入未来人类的新生活!

第 13 章　伟大前程! 未来人类社会的 主动进化

生命一出现,危险就随之而来。

——美国纽约大学神经学教授约瑟夫·勒杜(Joseph LeDoux)

预测未来人类社会的进化是非常困难的事情,但捕捉到了关键新兴技术、人类以及人类社会进化的逻辑和规律,便可以对未来做出预测。因为未来不会凭空出现,而是沿着过去的"路径"自然延伸,最终呈现。

植物开花的逻辑与操控

植物如何开花,以及人类如何利用植物开花,可以很好地用来说明人类对进化规律的把握、改写与操控。

意大利著名导演罗伯托·贝尼尼(Roberto Benigni)除了代表作

《美丽人生》之外，还有一部精彩的作品叫《爱你如诗美丽》，其中有一句经典的台词："苹果树不在秋天开花，万物皆有时序"。苹果树为什么不在秋天开花，而是在春天开花？

我们现在知道，植物开花是一个"被诱导"的过程，可能被光照时间诱导，也可能被温度诱导，还可能被人为添加的化学小分子诱导。总之，有一个复杂的分子"机器"控制着开花过程，这台"机器"敏感地捕捉着外界的变化，而且是持续了一段时间后的变化。譬如，当低温持续一段时间后，开花抑制因子才会被解除抑制，促进开花的"机器"开始运作，这就是春化作用。这时，您可能马上想到一个新的问题：既然是"客观规律"，那是不是所有的花最终都会盛开呢？

在社交媒体上，经常会有许多心灵鸡汤式的格言出现，比如"花迟早会开，只是花期还没到"。这是一句非常能鼓励一部分人的话语。

然而，在植物生理学家看来，这句话是错误的，当然不是所有的花都会开放。因为，开花从本质上讲是一个漫长的准备与发育的过程，在生理、生化、分子机制上都要发生质的变化。一旦内外条件突然发生逆转，花芽就不会继续分化，反而会停止，甚至发生开花逆转（flowering reversion）。意思是，花分生组织又回到叶的发生阶段，结果就是已有的花芽大量脱落，植物从生殖生长状态倒退回营养生长状态，光长叶子不开花。科学家已经掌握了开花逆转的规律，所以可以人为地复现。比如,植物在开花之前需要将内部合成的蔗糖转运到生长点,以供给花芽的形成。这时候,人类可以使用配制好的赤霉素溶液,冲着花芽一顿喷;又或者,可以改变温室里面的光照时间,人为地制造光周期紊乱,这些行为都可以导致叶片中的可溶性糖含量剧烈下降,花芽分化过程就会中止,然后开花逆转启动,花不盛开,从此便不是花了。

人类对捕捉变化背后的机制极其擅长。

当明白开花的过程与小分子物质有关系后,人类便自然而然地想到植物与植物之间可能通过小分子信使来协调开花时间。比如,科学家们早就知道寄生植物菟丝子的 RNA 片段可以挟持宿主植物烟草、拟南芥的免疫系统,让后者"沉默",不对自己"开枪"。但菟丝子作为根系、叶片都大量退化,开花基因大量丢失的寄生植物,它是怎么控制开花时间的呢? 这个问题从 20 世纪 60 年代以来就一直困扰着我们,如今中国科学家已经找到了答案。原来,菟丝子可以共享宿主植物的"开花信使"。植物开花有一个重要的生理过程,就是感知到光周期和温度变化的叶片,会在合适的时间大量合成"开花信使"FT蛋白,这些"信使"会长途转运到植物的顶端分生组织,然后促进那里的花芽分化,最终开花。

中国科学家研究发现,菟丝子自己的 FT 基因确实"坏掉"了,插入了一段多余的碱基对,意思就是这个基因不重要了、没用了。但是,菟丝子成功地挟持了宿主植物的 FT 蛋白为己所用，促进自身开花。中国科学院昆明植物研究所的吴建强课题组成员亲眼看到烟草、大豆、拟南芥的 FT 蛋白转运到菟丝子体内，促进菟丝子开花。

人类捕捉规律的目的是利用规律。

啤酒花这种多年生草本植物对啤酒工业太重要了，好喝的啤酒需要上好的啤酒花酿造。但是，啤酒花就像一个墨守成规的人，必须给予它足够长的低温处理时间，它才会开花。在大自然当中，冬天能够满足这一条件。但一年只有一个冬天，这就意味着啤酒花一年只会开一次花，而且只有在特定纬度才能种植啤酒花，这就太不"工业社会"了！啤酒工业从业者希望啤酒花一年四季都可以开放，为人类提供源源不断的酿啤酒的原料。2024 年，美国科罗拉多州立大学的团队取得了重要突破，他们在人工气候室里成功地使用红色的 LED 灯"骗"过了啤酒花。换言之，人类没有模拟低温，而是通过改变光周期，找到了促进啤酒花开花的替代路径。结果 6 个品种的啤酒花都在人类的操控下开花了，这种多年生的可爱植物在一年当中不断从营养生长状态切换到生殖生长状态，最终一年可以开花 4 次，可供人类收割 3 次。虽然距离每个月开花并收割尚有距离，但总产量已经提高了不少。

但人类在规律面前不是万能的。人类按照自己的需要改造了自然，不可避免地带来了意外变化。这些变化又将反过来作用于人类社会,使得人类社会的演化呈现出显著的动态反馈性。

仍然以开花为例。假如人类没有干扰植物的自然进化,没有采用化学药物针对性地处理农田杂草,那么杂草的生命活动将遵循"竞争性策略",就是遵守其内部精细的调控机制,像农作物一样沿着低温诱导、光周期诱导等路径开花、繁殖,与农作物互相争夺生存空间、阳光和水肥,最终呈现在人类面前的可能是"草盛豆苗稀"的画面。假如人类进行定期大规模除草,在短时间内会达到目的,但也会改变杂草的进化路径,使其演化出一种"抗干扰策略",就是为了活下去,杂草的开花时间将大大提前,在短日照条件下就可以提前开花;它们还会把生命能量快速地分配给生殖生长,并尽可能多地生产种子,以量取胜,最终给人类制造出新的难题。

恐惧是最底层的进化驱动力

开花的案例告诉我们人类对进化规律的把握、改写与操控将引入不确定性,这种不确定性将反作用于人类社会与活动。事实上,人类社会正是在种种不确定性中不断演化,最终达到看似矛盾,却又互相制约与支持的平衡状态。

让我们从植物学转入历史学的视野,看看规律是怎么在国家层面影响人类社会进化的。优秀的国家治理者已经发现、掌握并且利用这些规律，从而使得国家行为的进化带有强烈的主动性，可以归属为主动进化。

让我们把历史的时钟狠狠往前拨几圈。在 20 世纪初期，土耳其希望加强与英国的联系。到了 1930 年底，英国也越来越发现与土耳其加强接触十分必要。当时全球性的经济危机大爆发，国际市场上的农、矿产品都迎来了一股漫长的跌价潮。由于土耳其主要出口的就是农、矿产品，因此其经济受到重创。在这种大环境下，英国积极拉拢土耳其，土耳其也展示了被英国带动着"卷入"国际事务的诚意。比如，土耳其加入国际联盟、加入巴尔干协约国等都在英国的主导之下。但即使如此，土耳其也不愿为了英国开罪德国，所以迟迟没有对德国宣战，而是采取一种"不能称为纯粹中立的中立"。一直到 1945 年初，土耳其才终于宣布参战。在此期间，英国政府一直希望将土耳其"卷入"自己的阵营当中来，让土耳其成为英国的盟友。

土耳其所采取的策略是人类社会中较为常见的一种平衡性策略，就是既要保证免于"被抛弃"，也要尽量避免"被卷入"。

土耳其需要英国、法国在财政方面援助自己，比如希望英国给予土耳其大额黄金贷款，因此始终没有完全倒向当时的德国。这就是"被抛弃"的恐惧影响了国家行为的选择。时至今日，许多小国作为由大国主导的国际组织的成员，同样面临着"被抛弃"的恐惧，正是这种心理影响着小国的许多行为。同样地，当时土耳其也在承受着德国方面的压力,后者希望土耳其能够放弃与英国、法国签订所谓的互助条约。这种压力的根源是害怕"被卷入",就是小国或者中等规模的国家害怕被卷入大国的争斗,从而让自己国家的利益受损。在真实的历史上,土耳其就这样平衡着"被抛弃"的恐惧与"被卷入"的恐惧,并利用这些恐惧来达成对自己有利的协议。

在这个案例中,我们可以看到恐惧是人类社会组织行为演化的重要驱动力。这种恐惧可以由"被抛弃"或"被卷入"的命运安排所致,也可能由物质短缺的外部变化诱发。为了应对恐惧,人类以及人类社会组织会想尽办法寻找出路,甚至不惜互相争斗,避免恐惧失控和蔓延。

英国与冰岛长达数十年的渔业争端也是如此。

在冰冷的挪威海,冰岛人的渔船和英国人的渔船长期在此作业。挪威海是富饶的,因为有着丰富的渔业资源,比如鳕鱼。在漫长的历史中,挪威海的鳕鱼足够满足驾驶着传统船只前来捕鱼的人们。不管是冰岛人,还是英国人,基本上都可以在物质上获得满足。然而,大型拖网渔船被发明之后,情况发生了深刻变化。人类为了捕获更多的鳕鱼,创新技术,主动改进了捕鱼方式;但这种改进再次反作用于人类。在挪威海,英国与冰岛面临着一场"鳕鱼争端"。

冰岛人担心使用大型拖网渔船将快速耗尽挪威海的鳕鱼资源,导致冰岛的渔民面临失业风险。要知道,捕鱼业对当时的冰岛来说是绝对的支柱型产业,因为英国的大规模捕捞严重危及冰岛的国家利益。1935 年,冰岛出手了,他们宣布完成了对冰岛海洋专属渔业区的划界工作,按照这项工作,英国人的渔船将被严重限制用来捕鱼,甚至完全禁止。此后数年,英国希望在国际法的框架下赢得对冰岛的国家诉讼,但效果并不理想。与此同时,英国的渔船继续在挪威海大规模捕捞鳕鱼。1958 年,冰岛再次通告英国:冰岛的专属渔区范围将从 4 海里大幅扩大到 12 海里。英国社会对这个通告反应激烈,当时有英国记者称英国正在卷入一场"鳕鱼战争"。

有意思的是,美国当时扮演了调解人的角色。

一方面,美国人希望说服英国人不要为了渔业资源的"小利"而破坏北约组织的团结"大利";另一方面,美国人对冰岛人表示尊重,并表示理解冰岛人对其支柱型产业的坚持,同时还主动提出帮助解决冰岛国内的经济困难问题。然而,英国与冰岛的"鳕鱼争端"继续发酵,两国在 1972 年爆发了激烈的对峙。当时,冰岛人使用切线刀,割断了英国人的捕鱼网,英国为此动用了海军,试图用拳头说话。冰岛人也十分激愤,宣称可能退出北约,并把驻扎在冰岛本土的美军赶了出去。这一次,美国再次说服英国做出妥协,为此穿梭调解。1975 年,又一轮"鳕鱼争端"爆发了,这一次虽然双方都摩拳擦掌,大有在挪威海上互相开火的趋势,但最终还是英国妥协。经过三轮"鳕鱼争端",冰岛的专属渔区已经从 12 海里增加到 50 海里,又增加到 200

海里。

从英国的角度看,其一再妥协正是出于对美国的复杂"情感"。美国在 20 世纪 70 年代重新调整了对英的交往政策,并开始把主要精力投放到亚洲地区。再加上与苏联关系有所缓和,美国已经不再那么需要与英国保持亲密关系。英国虽然能够独立应对冰岛,英国人的海军在这方面占有很大优势,但英国无法摆脱美国的影响力。美国通过北约组织框架内部的限制机制,成功地多次干涉了英国的政策。英国正是在一种害怕"被抛弃"的氛围之下,一而再,再而三地接受冰岛对其专属经济渔区的扩张。

从冰岛的角度来说,其群情激愤的底层代码是对渔业资源被破坏的恐惧。与英国不同,海洋渔业捕捞是冰岛的支柱型产业,一旦大规模拖网捕捞船耗尽挪威海的渔业资源,冰岛的国内经济就将受到史无前例的重大打击。因此,冰岛因"鳕鱼争端"与邻国发生过多次小型冲突,还曾出现过人员伤亡。美国曾经试图调停,理由是北约国家需要团结,希望冰岛以大局为重。然而,冰岛仍然坚决捍卫其海洋权益。归根结底,这也是"物质短缺"的恐惧影响了国家行为。

事实上,大量国家之间的争端都源自对物质资源的争夺。美国虽然积极调停英国与冰岛的"鳕鱼争端",但实际上美国与巴西等国家也存在渔业争端。我们可以清晰地看到:对物质资源、关系等影响生存的一系列事物的恐惧心理,深刻影响着人类社会组织的行为、策略以及演化。对个体来说，更是如此。

石器时代情感与人工智能时代的冲突

著名的生物学家、社会生物学创始人爱德华·威尔逊（Edward Wilson）终其一生都对研究蚂蚁充满兴趣。因为群居性的蚂蚁就像是没有自由意志的人类，它们按照提前预置的一系列"算法"过着劳碌、战斗和奉献的一生。

威尔逊认为，蚂蚁应该算是地球上自然进化得十分成功的物种，因为它们遍布全世界。凡是成功地将种群扩张出去的，在进化上都算成功。不管您喜不喜欢，在绿草茵茵的公园草地上，在炎热的公路上，或者在潮湿的雨林当中，只要扔下一点食物残渣，不久就会被外出巡逻的蚂蚁发现，前来搬运的蚂蚁大军将随后出现。威尔逊还发现，蚂蚁在保护家园方面有着毫不逊色于人类的作战精神。纤细的蚂蚁会拼命保护集体的巢穴，那些进化出攻击性武器的蚂蚁，比如织工蚁，还会主动冲出来攻击来犯者，包括人类。

威尔逊认为，群居性物种通过自然进化获得了真社会性（eusociality），绝对是生命的奇迹。

个是所有的群居性、社会性物种都具备真社会性，因为真社会性本质上是最高度组织化的动物社会性。也就是说，很多社会性物种会自然而然地生活在一起,并从集体生活当中受益,但是这些物种很多并没有进化形成复杂分工的社会。蚂蚁就具备真社会性:它们营建自己的巢穴,庞大的巢穴内部秩序井然,有着专门的房间承担对应的功能;蚂蚁内部也是高度分工的,有的蚂蚁负责战斗,有的蚂蚁负责"放牧"蚜虫,有的蚂蚁负责生育。如此一来,真社会性就必然创造出一个超越生命个体的超级有机体,即会出现一个生物复杂性远高于普通有机体的"想象共同体"。

人类无疑是具有真社会性的物种中登峰造极的特例。

人类早在数百万年前就学会了建造房屋,集体狩猎,并在狩猎结束之后围着篝火分享经验。一旦敌人来犯,人类的先民会高度团结,分工合作,去击败任何强大的敌人。很多时候,人类还会主动出击。想象一下,科学研究已经证明尼安德特人与智人发生过亲密接触,甚至还发生过战斗。在真社会性更加强大的智人面前,尼安德特人大概是绝望的。重点是,作为智人的后代,现代人类始终没有停止进化,不但学会了加工和使用石器,利用专门的工具和特定的知识、经验,按照标准化的步骤生火,还学会了加工食物,从而获取更多的营养。适当烹饪过的肉类可以提供更多易于吸收的胆碱等营养,这些营养对于人类的认知神经系统发育和发展至关重要。总之,人类的身体结构、智力、情感、自由意志都在不断地进化。章鱼被认为是地球上非常聪明的物种,但章鱼无法制造海浪,它们只是在适应海洋。人类却可以人工造浪，还可以造船，以及创造出可以从外太空扫描海平面、预测海浪大小与高度的人工智能大模型。

然而，自然进化出的真社会性也给人类带来了烦恼。

人类之所以是一种真社会性物种，是因为人类对合作与发展社交联系有着天生的敏感是受到了恐惧的驱动。这点对于其他的灵长类近亲比如黑猩猩、倭黑猩猩也是一样的：一旦被集体驱逐、抛弃、厌恶，个体的生命危险就会大幅上升。这种恐惧存在了数百万年甚至更久，以至于我们今天仍然受到这种机制的影响。比如，社交媒体时代的我们几乎全部具有或轻或重的"错失恐惧症"（FOMO），其表现就是害怕错过重要的社交活动。

不管是八卦新闻，还是国家重要的军事行动，抑或是其他国家发生的天翻地覆的动荡，我们都特别好奇，并希望能够跟上事态发展的节奏。有的人可以训练自己不去分散精力，关注"一万公里以外的"世界，但是在周围人都无比关心的社会氛围之下，这些人大概率也会感到焦虑。这是一种不受自己主观意志控制的焦虑，其本质就是"错失恐惧症"的轻微发作。

但有意思的是，多项研究发现，"错失恐惧症"并不全是坏事。那些"错失恐惧症"水平更高的人往往具有更强的社会竞争力，而且更加倾向于积极地采取策略去争夺有限的社会资源。这听起来很容易理解，那些争抢特价商品的人们，难道是物质生活压力仍然很大吗？

并不是,而是在一群人都抢的氛围下,"错失恐惧症"隐隐发作,不跟上去抢就会莫名其妙地感到焦虑。如果我们离疯抢的人群远远的,"错失恐惧症"可能不会发作;但当我们距离这类人很近,特别是疯抢的人是我们的邻居、同事、家人时,"错失恐惧症"发作的风险就会明显增加。归根结底,人类从石器时代就极好地适应了小型的狩猎、采集或渔猎生活。社会纽带、社交联系、社会活动,对自己的生存和繁衍都至关重要。于是,焦虑和普遍的痛苦似乎是与重要的他人分离的自然结果,因为适当的焦虑可以提醒你重新评估自己的行为,看看是否"不合群";因为"不合群"的代价过去将由自身承担,比如落单将遭受猛兽的袭击,再比如可能错过适宜的教育、医疗、职业发展等资源。外部的社会资源越有限,"错失恐惧症"就越可能发作。在有的社会当中,身处在任何一个角落似乎都能感到隐隐的焦虑。

但这些自然进化的心理机制并不完全适用于人工智能时代。

绝大部分中国人都拥有智能手机,日常生活也离不开社交媒体。不管是哪一种社交媒体,都可以用来记录个人生活,也能"窥探"其他社会成员的生活。在人类学的研究中,这种促进"生活志"不断生产与传播的工具利大于弊。而且,人们确实可以在社交媒体上获取有价值的信息,并以此来改善自己的生活。然而,无处不在的"错失恐惧症"使得人们频繁地使用社交媒体,甚至到了影响正常生活的地步。有的"错失恐惧症"表现是担心有限的社会资源被其他成员抢走,有的是需要在社交媒体上管理个人形象与声誉,以免在社会竞争中处于不利位置。譬如在节假日,一旦想到其他成员会利用社交媒体加强社交联系、互道祝福,有的人就会忍不住焦虑起来,"错失恐惧症"发作。在不严重的情况下,"错失恐惧症"发作会导致人们紧张、自卑、焦虑;但在严重的情景里,"错失恐惧症"发作可能导致暴力性增强,使得人们倾向于对主要的竞争对手采取冒险的、更具攻击性的手段。最重要的是,"错失恐惧症"很多时候是不必要的,这就使得人们会在不重要的事情上采取过激的反应:自己承受过载的负性情绪,其他社会成员可能因此遭受不理性的打击。

公平地说,这种对错失的恐惧仍在驱动人类进化,包括但不限于驱动人类发明种种不落后于其他人类的武器和工具。

比如,2023 年美国一家公司推出了一款钛合金材质的饮料吸管。但是很快,一名携带这种钛合金吸管的乘客在波士顿机场被查,交通运输部门认定这种吸管属于"违禁品"。因为这款吸管不但可以用来喝饮料,还可以拔出来作为匕首使用。它们一般长 25 厘米,一头带有锋利的金属切口,一旦插入人体就可能导致大出血,因此社交媒体称这种吸管为"吸血鬼吸管"。值得一提的是,支持这种吸管销售的一种声音说,不妨让这种吸管继续销售,没什么大不了的。支持者开玩笑说,即使 10 万年后人类消失,"吸血鬼吸管"也不会消失(降解),到时候它们就是人类"聪明才智"的证明,以一种黑色幽默的方式展示人类曾经绞尽脑汁,搞出了各种新奇的发明,以超越其他人。

未来的人类想要主动进化,必须摆脱石器时代以来的"过度反应"机制,必须从头设计人类自身和人类社会。

关于这一问题,爱德华·威尔逊与同样痴迷于思考人类未来的史蒂文·平克(Steven Pinker)有着不同意见。威尔逊倾向于认为现代文明社会的人类携带了太多石器时代以来的"不合时宜"的进化遗存,这将不利于人类社会的持久和平,甚至还会因为人类的自大与受恐惧驱动的互相攻伐而严重破坏地球环境,从而剥夺其他物种生存的权利。平克则乐观地认为,自然进化已经把人类塑造成一种超级复杂的矛盾体,即人性里既有野蛮暴力的一面,也有英雄气概、优雅从容的一面。平克推测,正是因为人类既有野心,也有同情心、同理心,未来的人类仍然可以在保留原始野性的同时,构建出更为强大、繁荣、和平的社会。威尔逊和平克的观点都有一定道理,也都有明显的不足。

主动进化的人类社会

20世纪70年代末期,美国的约瑟夫·勒杜(Joseph LeDoux)博士完成了一项旨在探索人类"意识"与"分裂脑"关系的研究。勒杜的博士生导师是脑科学的学界权威迈克尔·加扎尼加（Michael Gazzaniga），师徒两人共同认为"情绪系统"是人类大脑的关键组成部分，并从此开始了对情绪背后的神经功能网络与机制的研究。2021年，勒杜在一篇回顾性文章中总结了其一生的研究工作，认为对恐惧情绪机制的研究应当居于重要位置，因为大脑杏仁核的"防御性生存通路"存在于所有的脊椎动物当中。正如他说的，"生命一出现，危险就随之而来"，生命体在整个生命史当中都要尽量避开危险，并延续着具有生物学意义的"传承"。

人类的一切行为都可以追溯到这一特点。

我们从植物开花的案例中，看到了人类在发现规律、利用规律方面的巨大潜力。人类总是有能力发现尽可能多的宇宙秘密，并且人为地复制它们，为自己所用。但是我们也看到，人类在利用规律改造自然方面总是存在"隐忧"，因为总会遇到事先不知道、事中无意识、事后大吃一惊的负反馈和反作用。这就导致人类在行动方面既具有天生的冒险性，也具有根深蒂固的对不良结果的恐惧心理。

在国家行为的案例中，我们看到正是基于对种种恐惧的担忧，人类社会组织的行为才具有逻辑性、合理性以及明显的限度。在蚂蚁和"错失恐惧症"的案例中，我们看到即使真社会性可以带来高度复杂化的社会组织形式，可以在很大程度上协调全体社会成员的心理状态,仍不可避免地引入负面效应。正是这些负面效应使得人类在小型社区内尚可以保持善意、利他性甚至牺牲精神,但在更大规模的超级有机体层次上,人性里的"石器时代遗存"使得人们对自己的行为缺乏必要的控制机制。

人类已经前所未有地认识到了自身的缺点,有限的自然寿命、难以治疗的罕见疾病、误差率高而容错率低的神经通信机制,以及对其他社会成员的天然不信任、对不确定性的焦虑与恐惧等。一旦深入意识到这些病态和不足,下一步便是有目的地去改造它们。

最值得反复强调的是,这一次人类的主动改造与主动进化,是在人类大脑之外的"机器脑"越来越成熟的前提下进行的。部署了强人工智能的"机器脑"将以不同的方式解读世界和宇宙,并与人类合作。从研发新药到识别宇宙图像,再到协助人类构建新型的社会关系,人机结合的主动进化充满永恒的"可持续性",这将赋予人类社会史无前例的、无限的可能。

超越自然进化的主动进化,正是人类第一次利用可信的技术手段,以基因编辑、人工智能、脑机接口、纳米机器人、合成生物学,而非文学、心理学、艺术或宗教的方式,来改造人类自身,并在此基础上重塑人类社会。在可以预见的未来,人类的足迹将真正踏上月球、火星乃至其他星球的土地,然后在那里开始新的主动进化。站在大地上仰望星空,人机关系将是我们想象未来的线索。

推荐阅读

第 1 章　人类仍在伟大的进化当中

1. 中国气象局,粤港澳大湾区龙卷风暴等强对流观测试验启动探索开展本地化 AI 龙卷客观识别,2024.

2. Khizra Maqsood et al., An overview of artificial intelligence in the field of genomics, Discover Artificial Intelligence, 2024.

3. Dongxue Mao et al., AI－MARRVEL — a knowledge-driven AI system for diagnosing mendelian disorders, NEJM AI, 2024.

4. Cold Spring Harbor Laboratory, Foundations for the future: blueprint for tomorrow, 2023.

第 2 章　矩阵启动:真正的神经解码与脑机接口

1. 郝娜等,补偿他人还是保护自己? 内疚与羞耻情绪对合作行为的影响差异,心理科学进展,2022.

2. K. Michelle Patrick-Krueger et al., The state of clinical trials of

implantable brain-computer interfaces, Nature Reviews Bioengineering, 2024.

第 3 章　类器官：脱胎换骨的伟大起点

1. 施慧琳等, 2023 年类器官领域发展态势, 生命科学, 2024.

2. Bill Gourgey, The quest to craft the perfect artificial eye, through the ages, Popular Science, 2024.

第 4 章　终极造物：从空气中制造粮食

1. 王晟等, 基于人工智能和计算生物学的合成生物学元件设计, 合成生物学, 2023.

2. Luisa Damiano et al., Explorative synthetic biology in AI: criteria of relevance and a taxonomy for synthetic models of living and cognitive processes, Artificial Life, 2023.

第 5 章　人机结合, 微观医疗的爆炸性颠覆

1. 卢淑樱, 母乳与牛奶：近代中国母亲角色的重塑 1895—1937, 华东师范大学出版社, 2020.

2. 池婧涵等, 人母乳干细胞在新生儿领域的研究新进展, 中国小儿急救医学, 2022.

3. 许冬雨等,智能微纳机器人在疾病诊疗中的应用进展,药学进展,2023.

4. Will Douglas Heaven, AI is dreaming up drugs that no one has ever seen. Now we've got to see if they work, MIT Technology Review, 2023.

第6章 "似这般可得长生吗?"

1. S. Jay Olshansky et al. , Implausibility of radical life extension in humans in the twenty-first century, Nature Aging, 2024.

2. Casey McGrath, Highlight: pearls of wisdom into longer lifespans from Bivalves, Genome Biology and Evolution, 2023.

3. Yu-Xuan Lyu et al. , Longevity biotechnology: bridging AI, biomarkers, geroscience and clinical applications for healthy longevity, Aging, 2024.

第7章 三百万年躯体进化,准备更大的跃迁!

1. Andrew K. Yegian et al. , Metabolic scaling, energy allocation tradeoffs, and the evolution of humans' unique metabolism, Proceedings of the National Academy of Sciences of the United States of America, 2024.

2. U. S. Food & Drug Administration, FDA's concerns with unapproved GLP − 1 drugs used for weight loss, 2024.

第 8 章 "连接"人体内外

1. Chong Chen et al. , Neural circuit basis of placebo pain relief, Nature, 2024.

2. Miryam Naddaf et al. , Second brain implant by Elon Musk's Neuralink: will it fare better than the first? Nature, 2024.

第 9 章 共享经验的未来

1. Sudhanva Narayana, AI free will: the ethics and implications of autonomous machines, 2023.

2. Jo Marchant, How AI is unlocking ancient texts — and could rewrite history, Nature, 2024.

第 10 章 人类与人工智能系统的竞赛

1. P. W. Keys et al. , The future in anthropocene science, Earth's Future, 2024.

2. Carol Odero, Elon Musk's xAI Secures $6 Billion, 2024.

第 11 章　DeepSeek,迎接已至之境

1. 朱冰等,考虑主观认知的自动驾驶汽车序贯博弈类人决策,汽车工程,2025.

2. 杨晓莉等,跨期决策损益不对称的认知神经机制,中国临床心理学杂志,2024.

第 12 章　席卷人类社会的新变革

1. Karen L. Kramer, The human family—its evolutionary context and diversity, Social Sciences, 2021.

2. Bruce Goldman, Can we get along? Humans versus artificial intelligence, Stanford Medicine Magazine, 2023.

第 13 章　伟大前程！未来人类社会的主动进化

1. Adam C. Davis et al., The links between fear of missing out, status-seeking, intrasexual competition, sociosexuality, and social support, Current Research in Behavioral Sciences, 2023.

2. Iain D. Henry, What allies want: reconsidering loyalty, reliability, and alliance interdependence, International Security, 2020.